无机及分析化学实验

第 2 版

主　　编　王传虎

副 主 编　胡文娜　李　倩　梅雪兰

编写人员（按姓氏笔画排序）

王玉玲　王传虎　李　倩

吴　方　胡文娜　姜　绯

梅雪兰

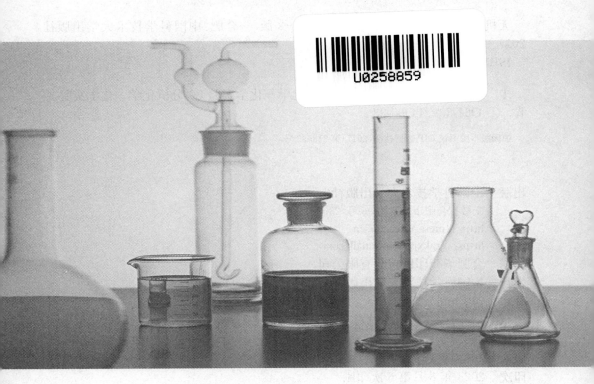

中国科学技术大学出版社

内 容 简 介

本书第1版是安徽省高等学校"十一五"省级规划教材,被多所高校采用,收到良好教学效果。第2版是在安徽省无机及分析化学省级精品开放课程、安徽省化工实践教育基地建设的基础上编写的。

本书内容包括基础知识与基本操作、基础实验、综合实验与设计实验三部分,编入的实验项目共31个。在保证学生掌握基本技能和熟练使用常用测量仪器的基础上,适当减少验证实验的比例,较大幅度地增加综合性、设计研究性实验的比例,促进对学生动手能力的培养和科学探究能力的锻炼。同时,本书重视利用网络资源,书中列入了常用的相关网址,将教学向课外延伸。

本书充分注意工科专业特点,力争科学、适用。在实验内容上,既加强了基础知识和基本技能的内容,又注重了实验的典型性、系统性、适用性与先进性,并注意到无机化学反应、试剂制备与无机分析、有机分析等多方面的结合,符合当前高校学科发展和教育改革的需要。

本书可供高等学校化工、生物工程、环境工程、食品工程、制药工程、材料工程等专业作教材使用。

图书在版编目(CIP)数据

无机及分析化学实验/王传虎主编. —2 版. —合肥:中国科学技术大学出版社,2017.9(2023.8 重印)

ISBN 978-7-312-04320-8

Ⅰ. 无… Ⅱ. 王… Ⅲ. ① 无机化学—化学实验 ② 分析化学—化学实验

Ⅳ. ① O61-33 ② O65-33

中国版本图书馆 CIP 数据核字(2017)第 218592 号

出版	中国科学技术大学出版社
	安徽省合肥市金寨路 96 号,230026
	http://press.ustc.edu.cn
	https://zgkxjsdxcbs.tmall.com
印刷	合肥华苑印刷包装有限公司
发行	中国科学技术大学出版社
开本	710 mm×1000 mm 1/16
印张	12
字数	242 千
版次	2008 年 10 月第 1 版 2017 年 9 月第 2 版
印次	2023 年 8 月第 6 次印刷
定价	25.00 元

再 版 前 言

化学是一门实验性很强的学科,化学实验对于化学及相关行业工作者的重要性不言而喻。

化学实验教学是高等学校化学教育过程中十分重要的环节,在全面培养学生的基础知识、实践能力、创新精神和科学素养等方面有着不可替代的作用。

进入 21 世纪以来,国内高校纷纷进行大学化学实验教学改革,整合课程资源,将综合性、设计性实验融合到基础化学实验中来,取得了很好的教学效果。但是从全国范围来看,适应地方性、应用型高校教学的无机及分析化学实验教材并不多见。

为了顺应高等教育发展要求,在安徽省无机及分析化学省级精品开放课程、安徽省化工实践教育基地建设的基础上,结合"新工科"专业建设对课程教学的需要,我们编写了本教材。

本教材第 2 版根据化学、化工、材料、医药、环境、安全、生物、食品等行业学生就业的需要,新增了 8 个实验,重点加强学生的动手能力、分析问题和解决问题能力的培养,突出体现了先进性、科学性和综合性。

本书由蚌埠学院王传虎教授编写基础知识与基本操作、附录并全书统稿,胡文娜老师编写实验一到实验六,姜绯老师编写实验七到实验十二,梅雪兰老师编写实验十三到实验十八,吴方老师编写实验十九到实验二十四,李倩、王玉玲老师编写实验二十五到实验三十一。本书在编写修订过程中得到安徽天润化学工业股份有限公司、安徽祥源科技股份有限公司、安徽八一化工有限公司相关工程技术人员的帮助与指导,并参考了相关教材与资料,在此一并表示感谢。

限于编者水平,书中难免有错误和不当之处,请读者批评指正。

编 者
2017 年 8 月

目　　录

再版前言 …………………………………………………………………（ⅰ）

第一部分　基础知识与基本操作

基础知识 ……………………………………………………………………（3）

　一、实验室规则 ……………………………………………………………（3）

　二、实验室安全规则和意外事故的处理 …………………………………（3）

　三、无机及分析实验常用仪器介绍 ………………………………………（4）

基本操作 ……………………………………………………………………（11）

　一、仪器的洗涤和干燥 ……………………………………………………（11）

　二、基本度量仪器的使用方法 ……………………………………………（12）

　三、加热方法 ………………………………………………………………（18）

　四、试剂及其取用 …………………………………………………………（19）

　五、溶解和结晶 ……………………………………………………………（20）

　六、沉淀 ……………………………………………………………………（21）

　七、干燥器的使用 …………………………………………………………（27）

　八、气体的获得、纯化与收集 ……………………………………………（27）

第二部分　基础实验

实验一　玻璃管加工和塞子钻孔 …………………………………………（33）

实验二　氯化钠的提纯 ……………………………………………………（39）

实验三　胶体溶液的制备与性质 …………………………………………（42）

实验四　化学平衡与反应速率 ……………………………………………（46）

实验五　电离平衡与盐类水解 ……………………………………………（53）

实验六　化学反应速率与活化能的测定 …………………………………（56）

实验七　醋酸解离度和解离常数的测定 …………………………………（60）

实验八　氧化与还原 ………………………………………………………（65）

实验九　沉淀与配位化合物 ………………………………………………（68）

实验十　常见阴阳离子的鉴定 ……………………………………………（71）

实验十一　分析天平的称量练习 …………………………………………（75）

实验十二　硫酸亚铁铵的制备 ……………………………………………（81）

实验十三　HCl、NaOH 标准溶液的配制与标定 ……………………………（83）

实验十四　食用醋中总酸含量的测定 …………………………………………（86）

实验十五　高锰酸钾标准溶液的配制、标定和过氧化氢含量的测定 ………（89）

实验十六　水的总硬度的测定(EDTA 法) ……………………………………（92）

实验十七　植物(或肥料)中钾的测定(重量法) ……………………………（95）

实验十八　土壤中全磷的测定(分光光度法) …………………………………（97）

实验十九　溶液 pH 的测定(直接电位法) ……………………………………（102）

实验二十　氨基酸和无机盐的纸层析分离 ……………………………………（109）

实验二十一　锡、铅、锑、铋 ……………………………………………………（113）

实验二十二　葡萄糖含量的测定(碘量法) …………………………………（117）

实验二十三　酸碱反应与缓冲溶液 ……………………………………………（120）

实验二十四　铜、银、锌、汞 ……………………………………………………（123）

第三部分　综合实验与设计实验

实验二十五　邻二氮菲分光光度法测定铁 ……………………………………（129）

实验二十六　染料组分的分离和鉴别(薄层层析法) ………………………（132）

实验二十七　植物中某些元素的分离与鉴定 …………………………………（135）

实验二十八　酸碱混合物的分析 ………………………………………………（137）

实验二十九　可溶硫酸盐中硫的测定(硫酸钡重量法) ……………………（140）

实验三十　日常生活中的化学 …………………………………………………（143）

实验三十一　废干电池的综合利用 ……………………………………………（151）

附　　录

附录一　国际原子量表 …………………………………………………………（157）

附录二　常用化合物的相对分子量表 …………………………………………（159）

附录三　几种常用酸碱的密度和浓度 …………………………………………（163）

附录四　基准试剂的干燥条件 …………………………………………………（164）

附录五　特殊试剂的配制 ………………………………………………………（165）

附录六　常用缓冲溶液及其配制方法 …………………………………………（169）

附录七　标准缓冲溶液及其配制方法 …………………………………………（171）

附录八　常用指示剂的配制与变色范围 ………………………………………（172）

附录九　几种常用化学手册和参考书 …………………………………………（176）

附录十　因特网上的化学化工资源 ……………………………………………（178）

附录十一　希腊字母及其读音与意义 …………………………………………（185）

参考文献 …………………………………………………………………………（186）

第一部分

基础知识与基本操作

第一部分

基础知识与基本操作

基 础 知 识

一、实验室规则

① 实验前一定要做好预习和实验准备工作,了解实验目的、要求、原理、方法、步骤和实验时应注意的事项,检查实验所需的药品、仪器是否齐全。

② 实验过程中要保持肃静、集中精神、认真操作、严守操作规程;仔细观察、认真记录和周密思考,听从教师的指导。

③ 实验完毕,应将所有的仪器洗净并放回原处,并揩拭桌面,将药品排列整齐。最后检查煤气开关、水龙头、门、窗是否关紧,电闸是否关闭,然后锁门离开实验室。

④ 根据原始记录,按规定的不同格式,简明地写出实验报告,准时交给教师。

二、实验室安全规则和意外事故的处理

(一) 安全规则

① 易挥发和易燃物品,不得靠近火焰。

② 当试管内盛溶液加热时,试管口不可对着他人或自己,也不要俯视正在加热的溶液,以免溅出的液体把人烫伤。

③ 不要直接俯嗅实验时放出的气体,嗅闻时面部应远离容器,用手把少量气体轻轻扇向自己的鼻孔。

④ 稀释酸(尤其是浓硫酸)时,应在开口耐热的容器中,将酸慢慢注入水中,并不断搅动。

⑤ 一切涉及有刺激性气味或有毒气体的实验,都应在通风橱中进行。

⑥ 有毒药品不得入口内或接触伤口,剩余的废液不得随便倒入下水道。

⑦ 实验室内不准吸烟、吃饭或带进食具。每次实验完毕,洗净手后才能离开实验室。

(二) 意外事故的处理

1. 烫伤

切勿用冷水冲洗,可用黄色的苦味酸溶液或烫伤软膏抹在烫伤处,严重者应立即送医院治疗。

2. 割伤

先将玻璃碎片挑出,抹上红药水或龙胆紫药水,再用纱布包扎。

3. 强酸腐伤

应立即用大量水冲洗,然后用5％的碳酸氢钠溶液冲洗,最后用水冲洗。

4. 强碱腐伤

应立即用大量水冲洗,然后用5％的硼酸溶液冲洗,再涂上凡士林。

5. 火灾

应及时关闭煤气龙头、切断电源、迅速移开易燃物,避免火势扩大。然后根据起火的原因灭火。酒精及其他可溶于水的液体着火时,可用水灭火;汽油、乙醚等有机溶剂着火时,用砂土或湿布扑灭(此时绝不能用水,否则反而会扩大燃烧面);电器着火时,必须用CCl_4灭火器,绝对不能用水或CO_2泡沫灭火器。

6. 吸入刺激性或有毒气体

吸入氯气、氯化氢气体时,可通过吸入少量酒精和乙醚的混合蒸气解毒。吸入硫化氢气体而感到不适时,应立即到室外呼吸新鲜空气。

三、无机及分析实验常用仪器介绍

无机及分析实验常用仪器如表 0.1 所示。

表 0.1　无机及分析实验常用仪器

仪　器	规　格	一般用途	使用注意事项
试管及试管架	试管: 以管口直径×管长表示,如: 25 mm×150 mm 15 mm×150 mm 10 mm×75 mm 试管架: 材料——木料、塑料或金属	① 试管用作反应容器,便于操作、观察,反应物较少时用 ② 试管架用于放置试管	① 试管可直接用火加热,但不能骤冷 ② 加热时用试管夹夹持,管口不要对着人,且要不断移动试管,使其受热均匀,盛放的液体不能超过试管容积的1/3 ③ 小试管一般用水浴加热

仪 器	规 格	一般用途	使用注意事项
离心管	分有刻度和无刻度,以容积表示,如 25 mL、15 mL、10 mL	少量沉淀的辨认和分离	不能直接用火加热
烧杯	以容积表示,如 1 000 mL、600 mL、400 mL、250 mL、100 mL、50 mL、25 mL	反应容器 反应物较多时用	① 可以加热至高温。使用时应注意勿使温度变化过于剧烈 ② 加热时底部垫石棉网,使其受热均匀
烧瓶	有平底和圆底之分,以容积表示,如 500 mL、250 mL、100 mL、50 mL	反应容器 反应物较多,且需要长时间加热时用	① 可以加热至高温。使用时应注意勿使温度变化过于剧烈 ② 加热时底部垫石棉网,使其受热均匀
锥形瓶(三角烧瓶)	以容积表示,如 500 mL、250 mL、100 mL	反应容器 摇荡比较方便,适用于滴定操作	① 可以加热至高温。使用时应注意勿使温度变化过于剧烈 ② 加热时底部垫石棉网,使其受热均匀
量筒和量杯	以所能量度的最大容积表示 量筒:250 mL、100 mL、50 mL、25 mL、10 mL 量杯:100 mL、50 mL、20 mL、10 mL	用于液体体积计量	不能加热
碘量瓶	以容积表示,如 250 mL、100 mL	用于碘量法	① 塞子及瓶口边缘的磨砂部分注意勿擦伤,以免产生漏隙 ② 滴定时打开塞子,用蒸馏水将瓶口及塞子上的碘液洗入瓶中

仪　器	规　格	一般用途	使用注意事项
(a)　　(b) (a) 吸量管 (b) 移液管	以所量的最大容积表示 吸量管： 10 mL、　5 mL、　2 mL、 1 mL 移液管： 50 mL、25 mL、10 mL、 5 mL、2 mL、1 mL	用于精确量取一定体积的液体	不能加热
容量瓶	以容积表示，如1 000 mL、500 mL、250 mL、100 mL、50 mL、25 mL	配制准确浓度的溶液时用	① 不能受热 ② 不能在其中溶解固体
(a)　　(b) 滴定管和滴定管架	滴定管分碱式(a)和酸式(b)，无色和棕色。以容积表示，如 50 mL、25 mL	① 滴定管用于滴定操作或精确量取一定体积的溶液 ② 滴定管架用于夹持滴定管	① 碱式滴定管盛碱性溶液，酸式滴定管盛酸性溶液，二者不能混用 ② 碱式滴定管不能盛氧化剂 ③ 见光易分解的滴定液宜用棕色滴定管 ④ 酸式滴定管活塞应用橡皮筋固定，防止滑出跌碎
漏斗	以口径和漏斗颈长短表示，如 6 cm 长颈漏斗、4 cm 短颈漏斗	用于过滤或倾注液体	不能用火直接加热
分液漏斗和滴液漏斗	以容积和漏斗的形状（筒形、球形、梨形）表示，如 100 mL 球形分液漏斗、60 mL 筒形滴液漏斗	① 滴液漏斗用于往反应体系中滴加较多的液体 ② 分液漏斗用于互不相溶的液—液分离	活塞应用细绳系于漏斗颈上，或套以小橡皮圈，防止滑出跌碎

仪　器	规　格	一般用途	使用注意事项
(a) (b) (a) 布氏漏斗 (b) 吸滤瓶	材料: 布氏漏斗:瓷质 吸滤瓶:玻璃 规格: 布氏漏斗以直径表示， 如 10 cm、8 cm、6 cm、 4 cm 吸滤瓶以容积表示，如 500 mL、250 mL、125 mL	用于减压过滤	不能用火直接加热
玻璃砂(滤)坩埚	以坩埚的孔径大小分为 六种型号: G1(20～30 μm) G2(10～15 μm) G3(4.9～9 μm) G4(3～4 μm) G5(1.5～2.5 μm) G6(1.5 μm 以下)	用于过滤定量 分析中只需低 温干燥的沉淀	① 应选择合适孔径 的坩埚 ② 干燥或烘烤沉淀 时，最高不得超过 500 ℃，最适用于只 需在 150 ℃ 以下烘 干的沉淀 ③ 不宜用于过滤胶 状沉淀或碱性较强 的溶液
漏斗板	材料: 木制 有螺丝可固定于铁架或 木架上	过滤时放置漏 斗用	固定漏斗板时，不要 把它倒放
表面皿	以直径表示，如 15 cm、 12 cm、9 cm、7 cm	盖在蒸发皿或 烧杯上，以免液 体溅出或灰尘 落入	不能用火直接加热
(a)　　(b) 试剂瓶	材料: 玻璃或塑料 规格: 分广口(a)、细口(b);无 色、棕色 以容积表示，如1 000 mL、 500 mL、250 mL、125 mL	① 广口瓶盛放 固体试剂 ② 细口瓶盛放 液体试剂	① 不能加热 ② 取用试剂时，瓶盖 应倒放在桌上 ③ 盛碱性物质时，要 用橡皮塞或塑料瓶 ④ 见光易分解的物 质用棕色瓶
蒸发皿	材料: 瓷质 规格: 有柄、无柄 以容积表示，如 150 mL、 100 mL、50 mL	用于蒸发浓缩	可耐高温，能直接用 火加热，高温时不能 骤冷

仪　器	规　格	一般用途	使用注意事项
坩埚	材料： 瓷质、石英、铁、银、镍、铂等 规格： 以容积表示，如 50 mL、40 mL、30 mL	用于灼烧固体	① 灼烧时放在泥三角上，直接用火加热，不需用石棉网 ② 取下的灼热坩埚不能直接放在桌上，而要放在石棉网上 ③ 灼热的坩埚不能骤冷
泥三角	材料： 瓷管和铁丝，有大小之分	用于放置加热的坩埚和小蒸发皿	① 灼烧的泥三角不要滴上冷水，以免瓷管破裂 ② 选择泥三角时，要使搁在上面的坩埚所露出的上部，不超过本身高度的1/3
坩埚钳	材料： 铁或铜合金，表面常镀镍、铬	夹持坩埚和坩埚盖	① 不要和化学药品接触，以免腐蚀 ② 放置时，应使其头部朝上，以免沾污 ③ 夹持高温坩埚时，钳尖需预热
干燥器	以直径表示，如 18 cm、15 cm、10 cm	① 定量分析时，将灼烧过的坩埚置其中冷却 ② 存放样品，以免样品吸收水汽	① 灼烧过的物体放入干燥器前温度不能过高 ② 使用前要检查干燥器内的干燥剂是否失效
干燥管	有直形、弯形和普通、磨口之分。磨口的还按塞子大小分为几种规格，如 14# 磨口直形、19# 磨口弯形	内盛装干燥剂，当它与体系相连时，既能使体系与大气相通，又可阻止大气中的水汽进入体系	干燥剂置球形部分，不宜过多。小管与球形交界处填充少许玻璃棉
滴管	材料： 由尖嘴玻璃管与橡皮乳头构成	① 吸取或滴加少量（数滴或 1～2 mL）液体 ② 吸取沉淀的上层清液以分离沉淀	① 滴加时，保持垂直，避免倾斜，尤忌倒立 ② 管尖不可接触其他物体，以免沾污

仪　器	规　格	一般用途	使用注意事项
滴瓶	有无色、棕色之分，以容积表示，如 125 mL、60 mL	盛放每次使用只需数滴的液体试剂	① 见光易分解的试剂要用棕色瓶盛放 ② 碱性试剂要用带橡皮塞的滴瓶盛放 ③ 其他使用注意事项同滴管 ④ 使用时切忌张冠李戴
点滴板	材料：白色瓷板 规格：按凹穴数目分十二穴、九穴、六穴等	用于点滴反应，一般不需分离的沉淀反应，尤其是显色反应	① 不能加热 ② 不能用于含氢氟酸和浓碱溶液的反应
(a)　(b) 称量瓶	分扁形(a)、高形(b)，以外径×高表示，如高形 25 mm×40 mm、扁形 50 mm×30 mm	要求准确称取一定量的固体样品时用	① 不能直接用火加热 ② 盖与瓶配套，不能互换
(a) 铁夹 (b) 铁圈 (c) 铁架		用于固定反应容器	应先将铁夹等升至合适高度并旋转螺丝，使之牢固后再进行实验
石棉网	以铁丝网边长表示，如 15 cm×15 cm、20 cm×20 cm	加热玻璃反应容器时垫在容器的底部，能使加热均匀	不要与水接触，以免铁丝锈蚀、石棉脱落
试管刷	以大小和用途表示，如试管刷、烧杯刷	洗涤试管及其他仪器用	洗涤试管时，要把前部的毛捏住放入试管，以免铁丝顶端将试管底戳破
药匙	材料：牛角或塑料	取固体试剂时用	① 取少量固体时用小的一端 ② 药匙大小的选择，应以盛取试剂后能放进容器口内为宜

仪 器	规 格	一般用途	使用注意事项
研钵	材料： 铁、瓷、玻璃、玛瑙等 规格： 以钵口径表示,如 12 cm、9 cm	研磨固体物质时用	
洗瓶	材料： 塑料 规格： 多为 500 mL	用蒸馏水或去离子水洗涤沉淀和容器时用	
三脚架	铁制品	放置较大或较重的加热容器	

基 本 操 作

一、仪器的洗涤和干燥

（一）仪器的洗涤

化学实验中经常使用各种玻璃仪器和瓷器。如果实验使用的仪器不干净，则由于污物和杂质的存在而得不到准确的结果。因此，在进行化学实验时，必须把仪器洗涤干净。

一般说来，附着在仪器上的污物有尘土和其他不溶性物质、可溶性物质、有机物和油垢。针对这些不同污物，可以分别用下列方法洗涤。

1. 用水刷洗

用水和试管刷刷洗，可除去仪器上的尘土、不溶性物质和可溶性物质。

2. 用去污粉、洗衣粉和合成洗涤剂洗

这些洗涤剂可以洗去油污和有机物质。若油污和有机物质仍然洗不干净，可用热的碱液洗。

3. 用洗液洗

坩埚、称量瓶、吸量管、滴定管等宜用洗液洗涤，必要时可加热洗液。洗液是浓硫酸和饱和重铬酸钾溶液的混合物，有很强的氧化性和酸性。使用洗液时，应避免引入大量的水和还原性物质（如某些有机物），以免洗液稀释或变绿而失效。洗液可反复使用。洗液具有很强的腐蚀性，用时必须注意。

洗液的配制：将 25 g 粗 $K_2Cr_2O_7$ 研细，溶于 500 mL 温热的粗、浓硫酸中即成。

4. 用特殊的试剂洗

特殊的沾污应选用特殊的试剂洗涤。如仪器上沾有较多的 MnO_2，用酸性硫酸亚铁溶液或稀 H_2O_2 溶液洗涤，效果会更好些。

已洗净的仪器壁上，不应附着不溶物、油垢，这样的仪器可以被水完全润湿。把仪器倒转过来，如果水沿仪器壁流下，器壁上只留下一层薄而均匀的水膜且不挂水珠，则表示仪器已经洗净。已洗净的仪器不能再用布或纸擦，因为布或纸的纤维会留在器壁上面，从而弄脏仪器。

在实验中选取洗涤仪器的方法,要根据实验的要求、脏物的性质、弄脏的程度来选择。在定性、定量实验中,由于杂质的引进会影响实验的准确性,对仪器洗净的要求比较高,除要求器壁上一定不挂水珠外,还要用蒸馏水荡洗 3 次。在有些情况下,如一般无机物的制备,仪器的洗净要求可低一些,只要没有明显的脏物存在就可以了。

(二) 仪器的干燥

可根据不同的情况,采用下列方法将洗净的仪器进行干燥。

1. 晾干

实验结束后,可将洗净的仪器倒置在干燥的实验柜内(倒置后不稳定的仪器应平放)或在仪器架上晾干,以供下次实验使用。

2. 烤干

烧杯和蒸发皿可以放在石棉网上用小火烤干。试管可直接用小火烤干,操作时应将管口向下,并不时来回移动试管,待水珠消失后,将管口朝上,以便水汽逸去。

3. 烘干

将洗净的仪器放进烘箱中烘干,放进烘箱前要先把水沥干,放置仪器时,仪器的口应朝下。

4. 用有机溶剂干燥

在洗净的仪器内加入少量有机溶剂(最常用的是酒精和丙酮),转动仪器使容器中的水与其混合,倾出混合液(回收),晾干或用电吹风将仪器吹干(不能放烘箱内干燥)。

带有刻度的容器不能用加热的方法进行干燥,一般可采用晾干或有机溶剂干燥的方法,吹风时宜用冷风。

二、基本度量仪器的使用方法

(一) 液体体积的度量仪器的使用

1. 量筒

量筒是用来量取液体体积的仪器。读数时应使眼睛的视线和量筒内弯月面的最低点保持水平(图 0.1)。

在进行某些实验时,如果不需要准确地量取液体试剂,不必每次都用量筒,可

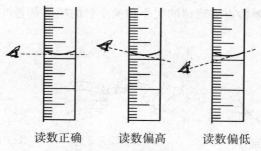

读数正确　　　读数偏高　　　读数偏低

图 0.1　量筒的读数方法

以根据在日常操作中所积累的经验来估量液体的体积。如普通试管容量是 20 mL，则 4 mL 液体占试管总容量的五分之一。又如滴管每滴出 20 滴约为 1 mL，可以用计算滴数的方法估计所取试剂的体积。

2. 滴定管

滴定管是在滴定的过程中，用于准确测量滴定溶液体积的一类玻璃量器。滴定管一般分为酸式和碱式两种。酸式滴定管的刻度管与下端的尖嘴玻璃管通过玻璃活塞相连，适于盛装酸性或氧化性的溶液；碱式滴定管的刻度管与尖嘴玻璃管之间通过橡皮管相连，在橡皮管中装有一颗玻璃珠，用以控制溶液的流出速度。碱式滴定管用于盛装碱性溶液，不能用来放置高锰酸钾、碘和硝酸银等能与橡皮管起作用的溶液。

（1）洗涤

滴定管可用自来水冲洗，或先用滴定管刷蘸肥皂水或其他洗涤剂洗刷（但不能用去污粉），而后再用自来水冲洗。如有油污，酸式滴定管可直接在管中加入洗液浸泡，而碱式滴定管则要先去掉橡皮管，接上一小段塞有短玻璃棒的橡皮管，然后再用洗液浸泡。总之，为了快速而方便地洗净滴定管，可根据脏物的性质、弄脏的程度选择合适的洗涤剂和洗涤方法。脏物去除后，需用自来水多次冲洗。若把水放掉以后，其内壁应该均匀地润上一薄层水。如管壁上还挂有水珠，说明未洗净，必须重洗。

（2）涂凡士林

使用酸式滴定管时，如果活塞转动不灵活或漏水，则必须将滴定管平放于实验台上，取下活塞，用吸水纸将活塞和活塞窝擦干，然后用右手指取少许凡士林，在左手掌心上润开后，用手指沾上少许凡士林，在活塞孔的两边沿圆周涂上一薄层（图0.2(b)）。注意不要把凡士林涂到活塞孔的近旁，以免堵塞活塞孔。把涂好凡士林的活塞插进活塞窝里，单方向地旋转活塞，直到活塞与活塞窝接触处全部透明为止。涂好的活塞转动要灵活，而且不漏水。把装好活塞的滴定管平放在桌上，让活塞的小头朝上，然后在小头上套一小橡皮圈（可从橡皮管上剪下一小圈）以防活脱落。碱式滴定管要检查玻璃珠的大小和橡皮管的粗细是否匹配,即是否漏水,能否灵活控制液滴。

 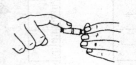 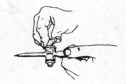

(a) 擦干活塞窝　　　　(b) 活塞涂凡士林　　　(c) 旋转活塞至透明

图 0.2　在活塞上涂凡士林

(3) 检漏

检查滴定管是否漏水时,可将滴定管内装水至"0"刻度左右,并将其夹在滴定管管夹上,直立约 2 min,观察活塞边缘和管端有无水渗出。将活塞旋转 180° 后,再观察一次,如无漏水现象,即可使用。

(4) 加入操作溶液

加入操作溶液前,先用蒸馏水荡洗滴定管 3 次,每次约10 mL。荡洗时,两手平端滴定管,慢慢旋转,让水遍及全管内壁,然后从两端放出。再用操作溶液荡洗 3 次,用量依次为10 mL、5 mL、5 mL。荡洗方法与用蒸馏水荡洗时相同。荡洗完毕后,装入操作液至"0"刻度以上,检查活塞附近(或橡皮管内)有无气泡。如有气泡,应将其排出。排出气泡时,对于酸式滴定管,可用右手拿住滴定管使它倾斜约 30°,左手迅速打开活塞,使溶液冲下将气泡赶掉;对于碱式滴定管,可将橡皮管向上弯曲,捏住玻璃珠的右上方,气泡即随溶液排出(图 0.3)。

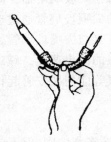

图 0.3　碱式滴定管赶出气泡

(5) 读数

对于常量滴定管,读数应读至小数点后第二位。为了减少读数误差,应注意:

① 滴定管应垂直固定,注入或放出溶液后需静置 1 min 左右再读数。每次滴定前应将液面调节在"0"刻度或稍下的位置。

② 视线应与所读的液面处于同一水平面上,对无色(或浅色)溶液应读取溶液弯月面最低点处所对应的刻度,而对弯月面看不清的有色溶液,可读液面两侧的最高点处。初读数与终读数必须按同一方法读数。

③ 对于乳白板蓝线衬背的滴定管,无色溶液面的读数应以两个弯月面相交的最尖部分为准(图 0.4(a))。深色溶液也是读取液面两侧的最高点。

④ 为使弯月面显得更清晰,可借助于读数卡。将黑白两色的卡片紧贴在滴定管的后面,黑色部分放在弯月面下约 1 mm 处,即可见到弯月面的最下缘映成黑色。读取黑色弯月面的最低点(图 0.4(b))。

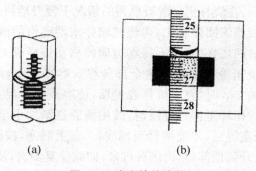

图 0.4　滴定管的读数

（6）滴定

滴定前须去掉滴定管尖端悬挂的残余液滴，读取初读数，立即将滴定管尖端插入烧杯（或锥形瓶口）内约 1 cm 处，管口放在烧杯的左侧，但不要靠杯壁（或锥形瓶颈壁），左手操纵活塞（或捏玻璃珠右上方的橡皮管）使滴定液逐渐加入；同时，右手用玻璃棒顺着一个方向充分搅拌溶液（图 0.5(a)），但勿使玻璃棒碰击杯底与杯壁。在锥形瓶内进行滴定时，用右手拿住锥形瓶颈，使溶液单方向不断旋转（图 0.5(b)）。使用碘量瓶滴定时，则要把玻璃塞夹在右手的中指和无名指之间（图 0.5(c)）。

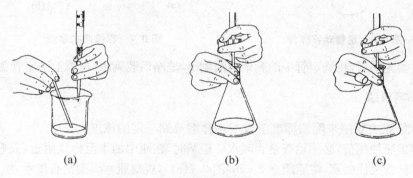

图 0.5　滴定操作

无论用哪种滴定管都必须掌握不同的加液速度，即开始时连续滴加（不超过每分钟 10 mL），接近终点时，改为每加一滴搅几下（或摇匀），最后每加半滴搅匀（或摇匀）。用锥形瓶加半滴溶液时，应使悬挂的半滴溶液沿器壁流入瓶内，并用蒸馏水冲洗瓶颈内壁；在烧杯中滴定时，必须用玻璃棒碰接悬挂的半滴溶液，然后将玻璃棒插入溶液中搅拌。终点前，需用蒸馏水冲洗杯壁或瓶壁，再继续滴到终点。

欲将固体物质准确配成一定体积的溶液，需先把准确称量的固体物质置于一小烧杯中溶解，然后定量转移到预先洗净的容量瓶中。转移时一手拿着玻璃棒，一手拿着烧杯，在瓶口上方慢慢将玻璃棒从烧杯中取出，并将它插入瓶口（但不要与瓶口接触），再让烧杯嘴贴紧玻璃棒，慢慢倾斜烧杯，使溶液沿着玻璃棒流下（图

0.6)。当溶液流完后,在烧杯仍靠着玻璃棒的情况下慢慢地将烧杯直立,使烧杯和玻璃棒之间附着的液滴流回烧杯中,再将玻璃棒末端残留的液滴靠入瓶口内。在瓶口上方将玻璃棒放回烧杯内,但不得将玻璃棒靠在烧杯嘴一边。用少量蒸馏水冲洗烧杯 3~4 次,洗出液按上述方法全部转移入容量瓶中,然后用蒸馏水稀释。稀释到容量瓶容积的 2/3 时,直立旋摇容量瓶,使溶液初步混合(此时切勿加塞倒立容量瓶),最后继续稀释至接近标线时,改用滴管逐渐加水至弯月面恰好与标线相切(热溶液应冷至室温后,才能稀释至标线)。盖上瓶塞,按图 0.7 所示的拿法,将瓶倒立,待气泡上升到顶部后,再倒转过来,如此反复多次,使溶液充分混匀。按照同样的操作,可将一定浓度的溶液准确稀释到一定的体积。

图 0.6　定量转移操作

(a)　　　　　　　　(b)

图 0.7　容量瓶的拿法

实验完毕后,将滴定管中的剩余溶液倒出,洗净后装满水,再罩上滴定管盖备用。

3. 容量瓶

容量瓶主要用来配制标准溶液或稀释溶液到一定的浓度。

容量瓶使用前,必须检查是否漏水。检漏时,在瓶中加水至标线附近,盖好瓶塞,用一手食指按住瓶塞,将瓶倒立 2 min(图 0.7(a)),观察瓶塞周围是否渗水,然后将瓶直立(图 0.7(b)),把瓶塞转动 180°后再盖紧,然后倒立,若仍不渗水,即可使用。

4. 移液管和吸量管的使用

移液管和吸量管也是用来准确量取一定体积液体的仪器,其中吸量管是带有分刻度的玻璃管,用以吸取不同体积的液体。

用移液管或吸量管吸取溶液之前,首先应该用洗液洗净内壁,经自来水冲洗和蒸馏水荡洗 3 次后,还必须用少量待吸的溶液荡洗内壁 3 次,以保证溶液吸取后的浓度不变。

用移液管吸取溶液时,一般应先将待吸溶液转移到已用该溶液荡洗过的烧杯中然后再行吸取。吸取时,左手拿洗耳球,右手拇指及中指拿住管颈标线以上的地方,管尖插入液面以下,防止吸空(图 0.8(a))。当溶液上升到标线以上时,迅速用右手食指紧按管口,将管取出液面。左手改拿盛溶液的烧杯,使烧杯倾斜约 45°,右手垂直地拿住移液管使管尖紧靠液面以上的烧杯壁(图 0.8(b)),微微松开食指,直到液面缓缓下降到与标线相切时,再次按紧管口,使液体不再流出。把移液管慢慢地垂直移入准备接收溶液的容器内壁上方。倾斜容器使它的内壁与移液管的尖端相接触(图 0.8(b))。松开食指让溶液自由流下。待溶液流尽后,再停 15 s 取出移液管。不要把残留在管尖的液体吹出,因为在校准移液管体积时,没有把这部分液体算在内(如管上注有"快吹"字样的移液管,则要将管尖的液体吹出)。

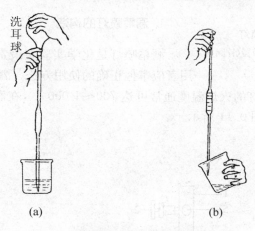

图 0.8 移液管的使用

吸量管的使用方法类同移液管,但移取溶液时,应尽量避免使用尖端处的刻度。

(二)温度计的使用

温度计是实验中用来测量温度的仪器,一般可测准至 0.1 ℃,刻度为 100 ℃ 的温度计可测准至 0.02 ℃。

测温度时,使温度计在液体内处于适中的位置,不能使水银球接触容器的底部或壁上,不能将温度计当搅拌棒使用,以免把水银球碰破。刚测量过高温物体的温度计不能立即用冷水冲洗,以免水银球炸裂。

如果要测量高温,可使用热电偶和高温计。

(三)密度计的使用

密度计是测量液体密度的仪器。用于测定密度大于 1 g/mL 的液体的密度计称为重表;用于测定密度小于 1 g/mL 的液体的密度计称为轻表。

使用密度计时,待测液体要有足够的深度,将密度计轻轻放入待测液体后,等它能平稳地浮在液面上时,才能放开手。当密度计不再在液面上摇动并不与容器壁相碰时,开始读数,读数时视线要与弯月面的最低点相切。

三、加热方法

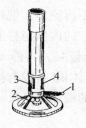

图 0.9 煤气喷灯

1. 煤气入口 2. 煤气调节器(针阀)
3. 灯管 4. 空气入口

在化学实验中,常用酒精灯、酒精喷灯、煤气灯、煤气喷灯(图 0.9)及各种电加热器等进行加热。选择介绍如下。

(一)酒精喷灯

1. 酒精喷灯的构造

酒精喷灯是化学实验室最常用的加热器具,使用者应掌握正确的使用方法。酒精喷灯的构造如图 0.10 所示。酒精喷灯的火焰温度通常可达 700～1 000 ℃,在酒精喷灯火焰中,各部分温度的高低如图 0.11 所示。

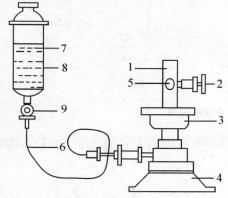

图 0.10 酒精喷灯

1. 灯管 2. 酒精喷灯开关 3. 预热盆 4. 灯座 5. 气孔
6. 橡皮管 7. 酒精 8. 储罐 9. 酒精储罐开关

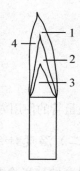

图 0.11 火焰结构

1. 氧化焰 2. 还原焰
3. 焰心 4. 最高温度处

2. 酒精喷灯的使用

酒精喷灯是金属制的。使用前,先在预热盆中注满酒精,然后点燃预热盆内的酒精,以加热金属灯管。待预热盆内酒精燃烧殆尽时,开启开关,这时由于酒精在灼热的灯管内汽化,并与来自气孔的空气混合,用火柴在灯管管口处点燃,即可得到高温火焰。调节开关螺丝,可以控制火焰的大小,向左加大火焰,向右减小火焰直至熄灭。

注意,在开启开关、点燃之前,灯管必须充分灼烧,否则酒精在灯管内不能全部汽化,将有液态酒精由管口喷出,形成"火雨",甚至会引起火灾。

不用时,必须关好酒精储罐的开关,以免酒精泄漏,造成危险。

（二）电加热器

根据需要,实验室还常用电炉(图 0.12)、电加热套(图 0.13)、管式炉(图 0.14)和马弗炉(图 0.15)等多种电器进行加热。管式炉和马弗炉一般都可以加热到 1 000 ℃以上,并且适于某一温度下长时间恒温。

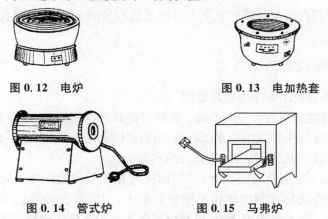

图 0.12　电炉　　　　　　　　图 0.13　电加热套

图 0.14　管式炉　　　　　　　图 0.15　马弗炉

四、试剂及其取用

化学试剂是纯度较高的化学制品,按杂质含量的多少,通常分成 4 个等级。我国化学试剂的等级见表 0.2。

表 0.2　化学试剂分级表

等　级	一级试剂 （保证试剂）	二级试剂 （分析纯试剂）	三级试剂 （化学纯试剂）	四级试剂 （实验试剂）
表示的符号	GR	AR	CP	LR
标签的颜色	绿色	红色	蓝色	黄色或棕色
应用范围	精密分析及科学研究	一般分析及科学研究	一般定性及化学制备	一般化学制备

我们应该根据节约的原则,按照实验的具体要求来选用试剂,不要以为试剂越纯越好。级别不同的试剂价格相差很大,在要求不是很高的实验中使用较纯的试剂,就会造成很大的浪费。

固体试剂应装在广口瓶内,液体试剂应盛放在细口瓶或滴瓶内,见光易分解的试剂应装在棕色瓶内。盛碱液的试剂瓶要用橡皮塞。每个试剂瓶上都要贴上标签,标明试剂的名称、浓度和纯度。

（一）液体试剂的取用

① 从滴瓶中取液体试剂时,必须注意保持滴管垂直,避免倾斜,尤忌倒立,防止试剂流入橡皮头内而弄脏橡皮头。滴加试剂时,滴管的尖端不可接触容器内壁,

应在容器口上方将试剂滴入;也不得把滴管放在原滴瓶以外的任何地方,以免被杂质沾污。

② 用倾注法取液体试剂时,取出瓶盖倒放在桌上,右手握住瓶子,使试剂标签朝上,以瓶口靠住容器壁,缓缓倾出所需液体,让液体沿着杯壁往下流。若所用容器为烧杯,则倾注液体时可用玻璃棒引入。用完后,立即将瓶盖盖上。

加入反应器内所有液体的总量不得超过总容量的 2/3,如用试管,则不能超过总容量的 1/2。

（二）固体试剂的取用

① 固体试剂要用干净的药匙取用。

② 药匙两端分别为大小两个匙。取较多的试剂时用大匙,取少量的试剂时用小匙。取试剂前首先应该用吸水纸将药匙擦拭干净,取出试剂后,一定要把瓶塞盖严并将试剂瓶放回原处,再次将药匙洗净和擦干。

③ 要求取一定质量的固体时,可把固体放在纸上或表面皿上,再在台秤上称量。具有腐蚀性或易潮解的固体不能放在纸上,而应放在玻璃容器内进行称量。要求准确称取一定质量的固体时,可在分析天平上用直接法或减量法称取。

五、溶解和结晶

（一）溶解

用溶剂溶解试样时,加入溶剂时应先把烧杯适当倾斜,然后把量筒嘴靠近烧杯壁,让溶剂慢慢顺着杯壁流入;或通过玻璃棒使溶剂沿玻璃棒慢慢流入,以防杯内溶液溅出而损失。溶剂加入后,用玻璃棒搅拌,使试样完全溶解。对溶解时会产生气体的试样,则应先用少量水将其润湿成糊状,用表面皿将杯盖好,然后用滴管将试剂自杯嘴逐滴加入,以防生成的气体将粉状的试样带出。对于需要加热溶解的试样,加热时要盖上表面皿,要防止溶液剧烈沸腾和迸溅。加热后要用蒸馏水冲洗表面皿和烧杯内壁,冲洗时也应使水顺杯壁流下。

在实验的整个过程中,盛放试样的烧杯要用表面皿盖上,以防脏物落入。放在烧杯中的玻璃棒,不要随意取出,以免溶液损失。

（二）结晶

1. 蒸发浓缩

蒸发浓缩应视溶质的性质可分别采用直接加热或水浴加热的方法进行。对于固态时带有结晶水或低温受热易分解的物质,由它们形成的溶液的蒸发浓缩,一般只能用水浴方法进行。常用的蒸发容器是蒸发皿。蒸发皿内所盛液体的量不应超过其容量的 2/3。随着水分的蒸发,溶液逐渐被浓缩,浓缩的程度取决于溶质溶解度的大小及对晶粒大小的要求,一般浓缩到表面出现晶体膜,冷却后即可结晶出大部分溶质。

2. 重结晶

重结晶是使不纯物质通过重新结晶而获得纯化的过程,它是提纯固体的重要方法之一。把待提纯的物质溶解在适当的溶剂中,滤去不溶物后进行蒸发浓缩,浓缩到一定浓度的溶液,经冷却就会析出溶质的晶体。当结晶一次所得物质的纯度不合要求时,可以重新加入尽可能少的溶剂溶解晶体,经蒸发后再进行结晶。

六、沉淀

(一)沉淀剂的加入

加入沉淀剂的浓度、加入量、温度及速度应根据沉淀类型而定。如果是一次加入的,则应沿烧杯内壁或玻璃棒加到溶液中,以免溶液溅出。加入沉淀剂时通常是左手用滴管逐滴加入,右手用玻璃棒轻轻搅拌溶液,使沉淀剂不至于局部过浓。

(二)沉淀与溶液的分离

沉淀与溶液分离的方法有下列几种。

1. 倾析法

当沉淀的相对密度较大或结晶的颗粒较大,静置后能沉降至容器底部时,可用倾析法进行沉淀的分离和洗涤。把沉淀上部的清液倾入另一容器内,然后加入少量洗涤液(如蒸馏水)洗涤沉淀,充分搅拌沉降,倾去洗涤液。如此重复操作三遍以上,即可洗净沉淀。

2. 离心分离

少量沉淀与溶液进行分离时,可使用离心机。实验室中常用的离心仪器是电动离心机(图 0.16)。使用时应注意:

① 离心管放入金属套管中,位置要对称,重量要平衡,否则易损坏离心机的轴。如果只有一只离心管的沉淀需要进行分离,则可取另一支空的离心管,盛以相应质量的水,然后把两支离心管分别装入离心机的对称套管中,以保持平衡。

② 打开旋钮逐渐旋转变阻器,使离心机转速由小到大。数分钟后慢慢恢复变阻器到原来的位置,使其自行停止。

③ 离心时间和转速由沉淀的性质来决定。结晶形的紧密沉淀,转速1 000 转/分钟,1~2 分钟后即可停止;无定形的疏松沉淀,沉降时间要长些,转速可提高到2 000 转/分钟,如经 3~4 分钟后仍不能使其分离,则应设法(如加入电解质或加热

等)促使沉淀沉降,然后再进行离心分离。

离心分离的操作步骤如下。

（1）沉淀

在溶液中边搅拌边加沉淀剂,等反应完全后,离心沉降。在上层清液中再加试剂一滴,如清液不变浑浊,即表示沉淀完全。否则必须再加沉淀剂直至沉淀完全,离心分离。

（2）溶液的转移

离心沉降后,用吸管把清液与沉淀分开。其方法是,先用手指捏紧吸管上的橡皮头,排除空气,然后将吸管轻轻插入清液(切勿在插入清液之后再捏橡皮头),慢慢放松橡皮头,溶液则慢慢进入管中,随试管中溶液的减少,将吸管逐渐下移至全部溶液吸入管内为止。吸管尖端接近沉淀时要特别小心,勿使其触及沉淀(图0.17)。

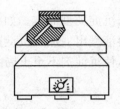

图 0.16　电动离心机

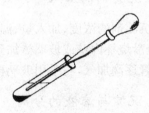

图 0.17　溶液与沉淀分离

（3）沉淀的洗涤

如果要将沉淀溶解后再做鉴定,必须在溶解之前将沉淀洗涤干净。常用的洗涤剂是蒸馏水。加洗涤剂后,用搅拌棒充分搅拌,离心分离,清液用吸管吸出。必要时可重复洗几次。

3. 过滤法

常用的过滤方法有减压过滤和常压过滤两种。

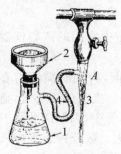

图 0.18　吸滤装置
1. 吸滤瓶　2. 布氏漏斗
3. 水抽气泵　4. 橡皮管

（1）减压过滤

减压可以加速过滤,还可以把沉淀抽吸得比较干燥。它的原理是水泵处有一窄口(见图0.18),当水急剧流经 A 处时,水即把空气带出而使吸滤瓶内的压力减少。减压过滤操作过程如下。

① 吸滤操作

a. 先剪好一张比布氏漏斗底部内径略小但又能把全部瓷孔都盖住的圆形滤纸。

b. 把滤纸放入漏斗内,用少量水润湿滤纸。微开水龙头,按图0.18所示装置连好(注意漏斗端的斜口应对着吸滤瓶的吸气嘴),滤纸便吸紧在漏斗上。

c. 过滤时,将溶液沿着玻璃棒流入漏斗(注意:溶液不要超过漏斗总容量的2/3),然后将水龙头开大,待溶液滤下后,转移沉淀,并将其平铺在漏斗中,继续抽吸,至沉淀比较干燥为止。在吸滤瓶中滤液高度不得超过吸气嘴。吸滤过程中,不得突然关闭水泵,以免自来水倒灌。

ⅳ. 当过滤完毕时,要记住先拔掉橡皮管,再关水龙头,以防由于滤瓶内压力低于外界压力而使自来水吸入滤瓶,把滤液沾污(这一现象称为倒吸)。为了防止倒吸而使滤液沾污,也可在吸滤瓶与抽气水泵之间装一个安全瓶。

② 洗涤沉淀

洗涤沉淀时拔掉橡皮管,关掉水龙头,加入洗涤液润湿沉淀。再微开水龙头接上橡皮管,让洗涤液慢慢透过全部沉淀。最后开大水龙头抽干。如沉淀需洗涤多次则重复以上操作,直至达到要求为止。

(2) 常压过滤

这是定量分析中常用的过滤方法,下面按定量分析的要求介绍常压过滤的步骤。

① 漏斗做成水柱的操作

把滤纸对折再对折(暂不折死),然后展开成圆锥体后(图0.19)放入漏斗中。若滤纸圆锥体与漏斗不密合,可改变滤纸折叠的角度,直到与漏斗密合为止(这时可把滤纸折死)。为了使滤纸三层的那一边能紧贴漏斗,常把这三层的外面两层撕去一角(撕下来的纸角保存起来,以备为擦烧杯或漏斗中残留的沉淀用)。用手指按住滤纸中三层的一边,以少量的水润湿滤纸,使它紧贴在漏斗壁上。轻压滤纸,赶走气泡。加水至滤纸边缘使之形成水柱(即漏斗颈中充满水)。若不能形成完整的水柱,可一边用手指堵住漏斗下口,一边稍掀起三层那一边的滤纸,用洗瓶在滤纸和漏斗之间加水,使漏斗颈和锥体的大部分被水充满,然后一边轻轻按下掀起的滤纸,一边断续放开堵在出口处的手指,即可形成水柱。将这种准备好的漏斗安放在漏斗板上盖上表面玻璃,下接一洁净烧杯,烧杯的内壁与漏斗出口尖处接触,然后开始过滤(图0.20)。

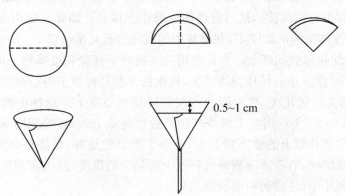

0.5~1 cm

图 0.19　滤纸的折叠和安放

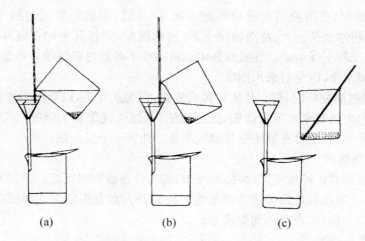

(a)   (b)   (c)

(a) 玻璃棒垂直紧靠烧杯嘴,下端对着滤纸三层的一边,但不能碰到滤纸
(b) 慢慢扶正烧杯,但杯嘴仍与玻璃棒贴紧,接住最后一滴溶液
(c) 玻璃棒远离烧杯嘴搁放

图 0.20 过滤

② 过滤操作

过滤分成三步。

a. 用倾析法把清液倾入滤纸中留下沉淀。为此,在漏斗上将玻璃棒从烧杯中慢慢取出并直立于漏斗中,下端对着三层滤纸的那一边并尽可能靠近,但不要碰到滤纸(图 0.20)。将上层清液沿着玻璃棒倾入漏斗,漏斗中的液面至少要比滤纸边缘低 5 mm,以免部分沉淀可能由于毛细管作用越过滤纸上缘而损失。当上层清液过滤完后,用 15 mL 左右的洗涤液吹洗玻璃棒和杯壁并进行搅拌,澄清后,再按上述方法滤去清液。当倾析暂停时,要小心把烧杯扶正,玻璃棒不离杯嘴,到最后一液滴流完后,将玻璃棒收回放入烧杯中(此时玻璃棒不要靠在烧杯嘴处,因为烧杯嘴处可能沾有少量的沉淀),然后将烧杯从漏斗上移开。如此反复用洗涤液洗 2～3 次,将黏附在杯壁的沉淀洗下,并将杯中的沉淀进行初步洗涤。

b. 把沉淀转移到滤纸上。为此先用洗涤液冲下杯壁和玻璃棒上的沉淀,再把沉淀搅起,将悬浮液小心转移到滤纸上,每次加入的悬浮液不得超过滤纸锥体高度 2/3 的量。如此反复几次,尽可能地将沉淀转移到滤纸上。烧杯中残留的少量沉淀,则可按图 0.21 所示用左手将烧杯倾斜放在漏斗上方,杯嘴朝向漏斗。用左手食指按住架在烧杯嘴上的玻璃棒上方,其余手指拿住烧杯,杯底略朝上,玻璃棒下端对准三层滤纸处,右手拿洗瓶冲洗杯壁上所黏附的沉淀,使沉淀和洗液一起顺着玻璃棒流入漏斗中(注意勿使溶液溅出)。

c. 洗涤烧杯和洗涤沉淀。黏着在烧杯壁上和玻璃棒上的沉淀可用淀帚自上而下刷至杯底,再转移到滤纸上。最后在滤纸上将沉淀洗至无杂质。洗涤时应先

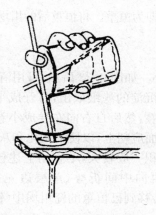

图 0.21　残留沉淀的转移

使洗瓶出口管充满液体后,用细小缓慢的洗涤液流从滤纸上部沿漏斗壁螺旋向下吹洗,绝不可骤然浇在沉淀上。待上一次洗液流完后,再进行下一次洗涤。在滤纸上洗涤沉淀主要是洗去杂质并将黏附在滤纸上部的沉淀冲洗至下部。

(三) 沉淀的烘干、灼烧与恒重

1. 瓷坩埚的准备

在定量分析中用滤纸过滤的沉淀,须在瓷坩埚中灼烧至恒重。因此要先准备好已知质量的坩埚。

将洗净的坩埚倾斜放在泥三角上(图 0.22(a)),斜放好盖子,用小火小心加热坩埚盖(图 0.22(c)),使热空气流反射到坩埚内部将其烘干。稍冷却后,用硫酸亚铁铵溶液(或硝酸钴等溶液)在坩埚和盖上编号,然后在坩埚底部(图 0.22(b))灼烧至恒重。灼烧温度和时间应与灼烧沉淀时相同(沉淀灼烧所需的温度和时间随沉淀而异)。在灼烧过程中要用热坩埚钳慢慢转动坩埚数次,使其灼烧均匀。

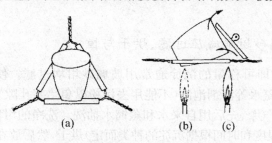

(a)　　　　　　(b)　(c)

图 0.22　沉淀烘干和灼烧

空坩埚第一次灼烧 30 min 后,停止加热,稍冷却(红热退去,再冷却 1 min 左右)后,用热坩埚钳夹取放入干燥器内冷却 45~50 min,然后称量(称量前 10 min 应将干燥器拿到天平室)。第二次再灼烧 15 min,冷却,称量(每次冷却时间要相同),直至两次称量相差不超过 0.2 mg,即为恒重。将恒重后的坩埚放在干燥器中备用。

2. 沉淀的包裹

晶形沉淀一般体积较小。如图 0.23 所示,可用清洁的玻璃棒将滤纸的三层部分挑起,再用洗净的手将带沉淀的滤纸取出,打开成半圆形,自右边半径的 1/3 处向左折叠,再从上边向下折叠,然后自右向左卷成小卷,最后将滤纸放入已恒重的坩埚中,包卷层数较多的一面应朝上,以便于炭化和灰化。

对于胶状沉淀,由于体积一般较大,不宜用上述包裹方法,而应用玻璃棒将滤纸边挑起(三层边先挑),再向中间折叠(单层边先折叠),将沉淀全部盖住(图 0.24),再用玻璃棒将滤纸转移到已恒重的瓷坩埚中(锥体的尖头朝上)。

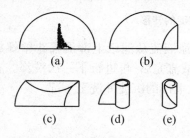

图 0.23　包裹沉淀方法一

图 0.24　包裹沉淀方法二

3. 烘干、灼烧与恒重

将装有沉淀的坩埚放好(图 0.22(c)),小心地用小火把滤纸和沉淀烘干直至滤纸全部炭化。炭化时如果着火,可用坩埚盖盖住并停止加热使火焰熄灭(切不可吹灭,以免沉淀飞扬而损失)。炭化后,将灯移至坩埚底部(图 0.22(b)),逐渐升高温度,使滤纸灰化(将碳氧化成二氧化碳而沉淀留下的过程)。滤纸全部灰化后,沉淀在与灼烧空坩埚相同的条件下进行灼烧、冷却,直至恒重。

使用马弗炉煅烧沉淀时,可用上述方法灰化,然后将坩埚放入马弗炉煅烧至恒重。

(四)用玻璃砂坩埚减压过滤、烘干与恒重

只要经过烘干即可称量的沉淀通常用玻璃砂坩埚过滤。使用坩埚前先用稀 HCl、稀 HNO_3 或氨水等溶剂泡洗(不能用去污粉以免堵塞孔隙),然后通过橡皮垫圈与吸滤瓶接上抽气泵,先后用自来水和蒸馏水抽洗。洗净的坩埚在烘干沉淀的条件下(沉淀烘干的温度和时间根据沉淀的种类而定)烘干,然后放在干燥器中冷却(约需 0.5 h),称量。重复烘干、冷却、称量,直至两次称量质量的差不大于 0.2 mg。

用玻璃砂坩埚过滤沉淀时,把经过恒重的坩埚装在吸滤瓶上,先用倾析法过滤。经初步洗涤后,把沉淀全部转移到坩埚中,再将烧杯和沉淀用洗涤液洗净后,把装有沉淀的坩埚参照图 0.24 放好,置于烘箱中,在与空坩埚相同的条件下烘干、

冷却、称重,直至恒重。

七、干燥器的使用

干燥器是存放干燥物品、防止吸湿的玻璃仪器(图0.25)。干燥器的下部盛有干燥剂(常用变色硅胶或无水氯化钙),上搁一个带孔的圆形瓷板以承放容器,瓷板下放一块铁丝网以防承放物下落。干燥器是磨口的,涂有一层很薄的凡士林以防止水汽进入。开启(或关闭)干燥器时,应用左手朝里(或朝外)按住干燥器下部,用右手握住盖上的圆顶朝外(或朝里)平推器盖(图0.25(a))。当放入热坩埚时,为防止空气受热膨胀把盖子顶起而滑落,应当用同样的操作两手抵着它,反复推、关盖子几次以放出热空气,直至盖子不再容易滑动为止。

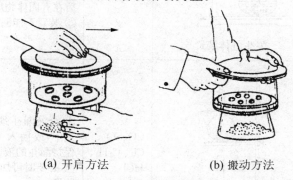

(a) 开启方法　　　　　　(b) 搬动方法

图0.25　干燥器的开启和搬动

搬动干燥器时,不应只捧着下部,而应同时按住盖子(图0.25(b)),以防盖子滑落。使用干燥器时应注意:

① 干燥器应保持清洁,不得存放潮湿的物品。

② 干燥器只在存放或取出物品时打开,物品取出或放入后应立即盖上。

③ 放在底部的干燥剂不能高于底部高度的1/2处,以防沾污存放的物品。干燥剂失效后,要及时更换。

八、气体的获得、纯化与收集

(一)气体的获得

1. 制备少量气体的实验装置

在化学实验中经常要制备少量气体,可根据原料和反应条件,采用表0.3列出的合适装置进行。

2. 气体钢瓶供气

在实验室,还可以使用气体钢瓶直接获得各种气体。气体钢瓶是储存压缩气体、液化气体的特制的耐压钢瓶。使用时,通过减压器(气压表)有控制地放出气体。由于钢瓶的内压很大,最高工作压力可达 15 MPa,最低的也在 0.6 MPa 以上,而且有些气体易燃或有毒,所以在使用钢瓶时,一定要注意安全,操作应特别小心。

表 0.3　制备气体的常用装置

制备方法	装　置　图	制备气体	注　意　事　项
在试管中加热固体试剂	发生气体装置	O_2、NH_3	① 试管口向下倾斜,以避免可能凝结在管口的水流到灼热处炸裂试管 ② 先用小火均匀预热试管,然后在有固体物质的部位加热 ③ 装置不能漏气
固体与液体试剂反应,可加热	发生气体装置	CO、SO_2、Cl_2、C_2H_2、HCl	① 分液漏斗颈应插入液体试剂中,或插入一小试管中,以保持漏斗的液面高度 ② 必要时可加热,也可加回流装置
固体与液体试剂反应,不加热	启普气体发生器装置 1. 固体药品　2. 玻璃棉　3. 气体逸出导管　4. 废液出口　5. 球形漏斗　6. 葫芦状容器	H_2、CO_2、H_2S 等	① 球形漏斗颈部及活塞 3、4 处均需涂上凡士林 ② 检查气密性,确认不漏气后,取下气体逸出导管 3,在葫芦状容器的狭窄处垫一些玻璃棉,再加入块状或较大颗粒的固体试剂后,重新装上气体逸出导管。液体从球形漏斗中加入,通过调节气体逸出导管上的活塞,可控制气体流速 ③ 关闭气体逸出导管 3 上的活塞,气体即停止发生;打开活塞,气体又重新发生

(1) 各种气体钢瓶的识别

为了确保安全,避免各种钢瓶相互混淆,要按规定在钢瓶外面涂上特定的颜色(表 0.4),写明瓶内气体的名称。

表 0.4　实验室中常用气体钢瓶的标记

气体类别	瓶身颜色	标字颜色
氮气	黑	黄
氧气	天蓝	黑
氢气	深绿	红
空气	黑	白
氨气	黄	黑
二氧化碳	黑	黄
氯气	黄绿色	黄
乙炔气	白	红
其他一切可燃气体	红	白
其他一切不可燃气体	黑	黄

（2）钢瓶使用注意事项

① 钢瓶应存放在阴凉、干燥、远离热源的地方。要放置平稳，防止倒下或受到撞击。

② 绝不可使油或其他易燃有机物沾在气瓶上（特别是气门嘴和减压器），也不得用棉、麻等物堵漏，以防燃烧引起事故。

③ 使用气体钢瓶时，除 CO_2、NH_3、Cl_2 外，一般要用减压阀。各种减压阀中，只有 N_2 和 O_2 的减压阀可相互通用，其他的只能用于规定的气体，以防爆炸。可燃性气体的钢瓶，其气门螺纹是反扣的；不燃或助燃性气体的钢瓶，其气门螺纹是正扣的。

④ 钢瓶内的气体绝不能全部用完，应按规定留有剩余压力。使用后的钢瓶应定期送有关部门检验，合格的才能充气。

（二）气体的纯化

由于制备的各种气体所含杂质不尽相同，气体本身性质也不同，因此纯化的方法各不相同。一般纯化过程是先除杂质和酸雾，最后将气体干燥。通常使用洗气瓶（图 0.26）、干燥塔（图 0.27）或带支管的 U 形管（图 0.28），根据具体情况分别用不同的洗涤液或固体吸收。

图 0.26　洗气瓶

图 0.27　干燥塔

图 0.28　U 形管

（三）气体的收集

常用的气体收集方法如图 0.29 和图 0.30 所示。

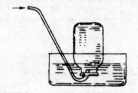

（a）收集轻的气体　（b）收集重的气体

图 0.29　排水集气法　　　　　　　　**图 0.30　排气集气法**

① 在水中溶解度很小的气体（如 H_2、O_2、N_2、NO、CO、CH_4、C_2H_4、C_2H_2 等），可用排水集气法收集。

② 易溶于水、比空气轻的气体（如 NH_3），可用瓶口向下排气集气法收集。

③ 易溶于水、比空气重的气体（如 HCl、Cl_2、CO_2、SO_2 等），可用瓶口向上排气集气法收集。

第二部分

基础实验

实验一　玻璃管加工和塞子钻孔

一、实验目的

① 学会煤气灯的正确使用。
② 熟悉玻璃管操作,制作小玻璃棒、滴管和洗瓶。
③ 练习塞子钻孔操作。

二、实验步骤

　　进行化学实验时,常常需要把许多单个的玻璃仪器用塞子、玻璃管和橡皮管连接成整套的装置。随着玻璃仪器口径的标准化,这项工作已得到简化,多数情况下,可获得现成的连接部件。但作为一项基本操作,学会简单的玻璃加工和塞子钻孔技术仍具有一定的意义,因而掌握它们还是很有必要的。

（一）玻璃管操作

1. 切断玻璃管

根据需要截取一定长度的玻璃管。

　　取一长玻璃管,平放在桌子上,用手揿住。在要截断的地方用三角锉(也可用小砂轮或废硅碳棒片)的棱边按住,然后用力向前或向后划一痕迹(向一个方向挫,不要来回锯,如图 1.1 所示)。如划的痕迹不是很明显,可在原处再挫一下。然后拿起玻璃管,使玻璃管的痕迹朝外,两手的拇指放在划痕背后,轻轻地用力向前推压,同时两手向两侧拉(图 1.2、图 1.3),玻璃管便折断。折断粗玻璃管时,应用布将管包住,以免划伤手指。

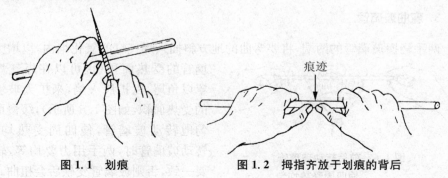

痕迹

图 1.1　划痕　　　　　　图 1.2　拇指齐放于划痕的背后

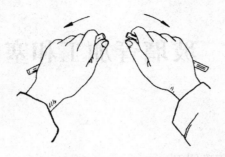

图 1.3　向前推压,两手向两侧拉

2. 熔光玻璃管

新切断的玻璃管的切口锐利,容易划伤皮肤,且难以插入塞子的圆孔内,需要熔光。把切断面斜置于煤气灯氧化焰的边沿处,不断缓慢地转动,使玻璃管受热均匀(图 1.4)。加热片刻后,即熔化成平滑的管口(玻璃棒的切断面也要用同法熔光),但加热时间不宜太长,以免管口口径缩小(图 1.5)。烧热的玻璃管不可直接放在桌上,而应放在石棉网上,更不可用手去摸,以免烫伤。

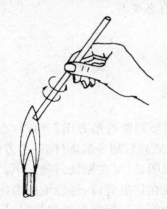

图 1.4　前后转动,熔光切口

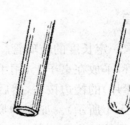

(a) 熔光的切口　(b) 加热过久熔坏的切口

图 1.5　熔光的切口

3. 弯曲玻璃管

两手轻握玻璃管的两端,将要弯曲的地方斜插入煤气灯的氧化焰内,以增大玻璃管的受热面积(也可以在煤气灯上罩以鱼尾,以扩展火焰,来扩大玻璃管的受热面积,如图 1.6 所示),缓慢而均匀地转动玻璃管,使四周受热均匀。转动玻璃管时,两手用力要均等,转速要一致,否则玻璃管变软后会扭曲。

图 1.6　前后转动玻璃管,
使四周受热均匀

当玻璃管烧成黄色,且足够软时,即自火焰中取出,稍等一两秒钟(图1.7),然后把它弯成一定的角度(图1.8)。120°以上的角度,可以一次弯成。较小的角度,可以分几次弯成:先弯成120°左右,然后待玻璃管稍冷后,再加热弯成较小的角度。但是,玻璃管受热的位置应较第一次受热的位置稍偏左或偏右一些。

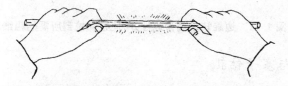

图1.7 将柔软的玻璃管移出火焰,稍等一两秒钟,使热量更均匀

玻璃管弯成后,应检查弯成的角度是否准确,弯曲处是否平整,整个玻璃管是否在同一平面上(图1.9)。

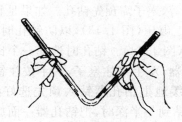

（a）好的 （b）、(c)坏的

图1.8 弯至所需的角度,待玻璃管变硬时才释手　　**图1.9 弯成的玻璃管**

4. 拉细玻璃管

轻拿玻璃管两端,将要拉细的中间部分插入灯的氧化焰上加热,并不断地旋转(图1.10)。待玻璃管变软并呈红黄色时(要烧得比弯玻璃管更软一些),移出火焰,顺着水平方向边拉边转动玻璃管(图1.11),待玻璃管拉到所要求的细度时,一手持玻璃管,使其下垂一会儿,让其变硬。玻璃管冷却后,用小砂轮在适当部位截断。

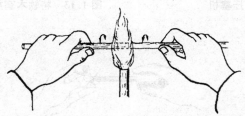

图1.10 加热(不加鱼尾)时旋转玻璃管

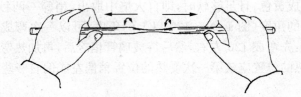

图 1.11 边旋转玻璃管边拉开,使狭部拉到所需的粗细

(二)塞子与塞子钻孔

容器上常用的塞子有软木塞、橡皮塞和玻璃磨口塞。软木塞易被酸或碱腐蚀,但与有机物的作用较小。橡皮塞可以把容器塞得很严密,但对装有机溶剂和强酸的容器并不适用。相反,盛碱性物质的容器常用橡皮塞。玻璃磨口塞不仅能把容器塞得紧密,且除氢氟酸和碱性物质外,可作为盛装一切液体或固体容器的塞子。

为了能在塞子上装置玻璃管、温度计等,塞子需预先钻孔。如果是软木塞可先经压塞机(图 1.12)压紧,或用木板在桌上碾压(图 1.13),以防钻孔时塞子开裂。常用的钻孔器是一组直径不同的金属管(图 1.14)。钻孔时选择一个比需要插入塞子的玻璃管(或温度计等)略细的钻孔器,左手拿住塞子,右手按住钻孔器的柄头,一面旋转,一面向塞子里面挤压,缓缓地把钻孔器钻入预先选好的位置(图1.15)。开始可由塞子较小的一端起钻,钻到一半深时,把钻孔器一面旋转一面拔出,用小铁条通出钻孔器管内的软木屑,再从塞子的另一端相对应的位置按同样的操作钻孔,直到两头穿透为止。钻孔时必须注意钻孔器与塞子表面保持垂直,否则会把孔打斜。

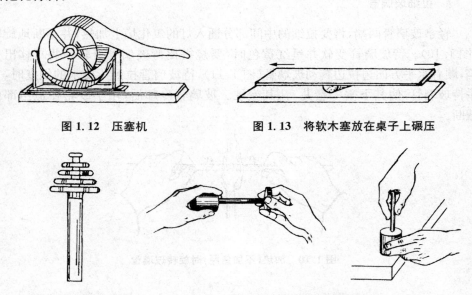

图 1.12 压塞机　　　　　　**图 1.13 将软木塞放在桌子上碾压**

图 1.14 钻孔器　　　　　　**图 1.15 钻孔操作的两种方式**

在橡皮塞上钻孔时,要选择一个比要插入塞子的玻璃管略粗的钻孔器,并在钻孔器下端和橡皮塞上涂抹一些润滑剂。常用的润滑剂有凡士林、甘油或水。钻孔操作和软木塞相似,但最后应用水洗涤橡皮塞及钻孔器,除去润滑剂,并将钻孔器擦干。

若用手摇钻孔器钻孔,则更为方便。

玻璃管插入塞子前,管端必须用火熔光,并用水把玻璃管润湿。然后将玻璃管(最好用毛巾分别包住玻璃管及塞子,以防万一玻璃管折断而伤手)轻轻地转动穿入塞孔(图1.16)。注意不能用力过猛,如果孔太小,可用圆挫将塞孔挫大些。

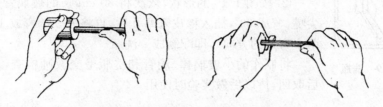

图 1.16　将玻璃管插入塞孔的操作

(三)实验用具的装配

按上述操作方法装配下列实验用具。

1. 小试管的玻璃棒

切取 18 cm 长的小玻璃棒,将中部置火焰上加热,拉细到直径约为 1.5 mm 为止。冷却后用三角锉在细处切断,并将断处熔成小球,小玻璃棒洗净后便可使用(图1.17)。

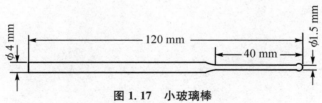

图 1.17　小玻璃棒

2. 滴管

切取 15 cm 长(内径约 5 mm)的玻璃管,将中部置火焰上加热,拉细玻璃管。要求玻璃管细部的内径为 1.5 mm,毛细管长约 7 cm。切断并将断口熔光。把尖嘴管的另一端加热至发软,然后在石棉网上压一下,使管口外卷,冷却后,套上橡皮乳头即成滴管(图1.18)。

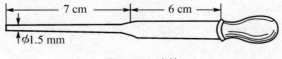

图 1.18　滴管

图 1.19　洗瓶

3. 洗瓶

材料：

500 mL 聚氯乙烯塑料瓶一只,适合塑料瓶瓶口大小的橡皮塞一只,30 cm 长的玻璃管一根。

步骤：

① 按前面介绍的塞子钻孔的操作方法,将橡皮塞钻孔。

② 按图 1.19 的形状,依次将 30 cm 长的玻璃管一端拉一尖嘴,弯成 60°,插入橡皮塞塞孔后,再将另一端弯成 120°(注意两个弯角的方向),即配制成一洗瓶。

将制作的小玻璃棒、滴管和洗瓶呈交教师检查,教师认可后取回,待以后做实验时使用。

三、思考题

① 为了保证安全,在加工玻璃管时,有哪些问题需要注意?

② 弯曲和熔光玻璃管时,应如何加热玻璃管?

③ 如何弯曲角度较小的玻璃管?

④ 塞子钻孔时,应如何选择钻孔器的大小? 应如何正确操作?

实验二　氯化钠的提纯

一、实验目的

① 掌握提纯 NaCl 的原理和方法。
② 学习溶解、沉淀、减压过滤、蒸发浓缩、结晶和烘干等基本操作。
③ 了解 SO_4^{2-}、Ca^{2+}、Mg^{2+} 等离子的定性鉴定。

二、实验原理

化学试剂或医药用的 NaCl 都是以粗食盐为原料提纯的。粗盐中含有 Ca^{2+}、Mg^{2+}、K^+、SO_4^{2-} 等可溶性杂质和泥沙等不溶性杂质。选择适当的试剂可使 Ca^{2+}、Mg^{2+}、SO_4^{2-} 等离子生成沉淀而被除去。一般是先在食盐溶液中加入 $BaCl_2$ 溶液,除去 SO_4^{2-}。

$$Ba^{2+}+SO_4^{2-}\!\!=\!\!=\!\!BaSO_4(s)$$

然后在溶液中加入 Na_2CO_3 溶液,除去 Ca^{2+}、Mg^{2+} 和过量的 Ba^{2+},过量的 Na_2CO_3 溶液用盐酸中和。粗食盐中的 K^+ 与这些沉淀剂不起作用,仍留在溶液中。由于 KCl 的溶解度比 NaCl 的大,而且在粗食盐中的含量较少,所以在蒸发浓缩食盐溶液时,NaCl 结晶出来,KCl 仍留在母液中。

$$Ca^{2+}+CO_3^{2-}\!\!=\!\!=\!\!CaCO_3(s)$$

$$4Mg^{2+}+5CO_3^{2-}+2H_2O\!\!=\!\!=\!\!Mg(OH)_2\cdot 3MgCO_3(s)+2HCO_3^-$$

$$Ba^{2+}+CO_3^{2-}\!\!=\!\!=\!\!BaCO_3(s)$$

三、实验用品

仪器[①]:

滤纸、量筒(10 mL、50 mL)、泥三角、坩埚钳、台秤、烧杯(250 mL)、长颈漏斗、漏斗架、布氏漏斗、吸滤瓶、蒸发皿。

药品:

HCl(6 mol/L)、H_2SO_4(2 mol/L)、HAc(2 mol/L)、NaOH(6 mol/L)、$BaCl_2$

---

① 仪器一栏中只列出特殊的仪器,常用仪器均不列出。后同。

(1 mol/L)、Na_2CO_3(饱和)、$(NH_4)_2C_2O_4$(饱和)、镁试剂 I[①]、pH 试纸和粗食盐等。

四、实验内容

(一)溶解粗食盐

称取 20 g 粗食盐于 250 mL 烧杯中,加入 80 mL 水,加热搅拌使粗食盐溶解(不溶性杂质沉于底部)。

(二)除去 SO_4^{2-}

加热溶液至近沸,边搅拌边逐滴加入 1 mol/L $BaCl_2$ 溶液 3~5 mL。继续加热 5 min,使沉淀颗粒长大而易于沉降。

(三)检查 SO_4^{2-} 是否除尽

将烧杯从石棉网上取下,待沉淀沉降后,在上层清液中加 1~2 滴 1 mol/L $BaCl_2$ 溶液,如果出现浑浊[②],表示 SO_4^{2-} 尚未除尽,需继续加 $BaCl_2$ 溶液以除去剩余的 SO_4^{2-};如果不浑浊,表示 SO_4^{2-} 已除尽。吸滤,弃去沉淀。

(四)除去 Mg^{2+}、Ca^{2+}、Ba^{2+} 等阳离子

将所得的滤液加热至近沸,边搅拌边滴加饱和的 Na_2CO_3 溶液,直至不再产生沉淀为止。再多加 0.5 mL Na_2CO_3 溶液,静置。

(五)检查 Ba^{2+} 是否除尽

在上层清液中,加几滴饱和 Na_2CO_3 溶液,如果出现浑浊,表示 Ba^{2+} 未除尽,需在原溶液中继续加 Na_2CO_3 溶液直至除尽为止。吸滤,弃去沉淀。

(六)除去过量的 CO_3^{2-}

往溶液中滴加 6 mol/L HCl,加热搅拌,中和到溶液的 pH 为 2~3(用 pH 试纸检查)。

---

① 对硝基苯偶氮间苯二酚(O_2N-苯环$-N=N-$苯环$-OH$)俗称镁试剂 I,在碱性环境下呈红色或红紫色,被 $Mg(OH)_2$ 吸附后呈蓝色。

② 将 $BaCl_2$ 溶液沿杯壁加入,眼睛从侧面观看。

（七）浓缩与结晶

把溶液倒入 250 mL 烧杯中，蒸发浓缩到有大量 NaCl 结晶出现（约为原体积的 1/4）。冷却，吸滤。然后用少量蒸馏水洗涤晶体，抽干。

将氯化钠晶体转移到蒸发皿中，在石棉网上用小火烘干（为防止蒸发皿摇晃，在石棉网上放置一个泥三角）。冷却后称量，计算产率。

（八）产品纯度的检验

取产品和原料各 1 g，分别溶于 5 mL 蒸馏水中，然后进行下列离子的定性检验。

1. SO_4^{2-}

各取溶液 1 mL 于试管中，分别加入 6 mol/L HCl 溶液 2 滴和 1 mol/L $BaCl_2$ 溶液 2 滴。比较两溶液中沉淀产生的情况。

2. Ca^{2+}

各取溶液 1 mL，加 2 mol/L HAc 使呈酸性，再分别加入饱和 $(NH_4)_2C_2O_4$ 溶液 3～4 滴，若有白色 CaC_2O_4 沉淀产生，表示有 Ca^{2+} 存在①（该反应可作为 Ca^{2+} 的定性鉴定）。比较两溶液中沉淀产生的情况。

3. Mg^{2+}

各取溶液 1 mL，加 6 mol/L NaOH 溶液 5 滴和镁试剂 I 2 滴，若有天蓝色沉淀生成，表示有 Mg^{2+} 存在（该反应可作为 Mg^{2+} 的定性鉴定）。比较两溶液的颜色。

五、思考题

① 在除去 Ca^{2+}、Mg^{2+}、SO_4^{2-} 时，为什么首先加入 $BaCl_2$ 溶液，然后加入 Na_2CO_3 溶液？

② 为什么用 $BaCl_2$（毒性很大）而不用 $CaCl_2$ 除去 SO_4^{2-}？

③ 在除去 Ca^{2+}、Mg^{2+}、Ba^{2+} 等离子时，能否用其他可溶性碳酸盐代替 Na_2CO_3？

④ 加 HCl 除 CO_3^{2-} 时，为什么要把溶液的 pH 调到 2～3？调至恰为中性好不好？（提示：从溶液中 H_2CO_3、HCO_3^- 和 CO_3^{2-} 浓度比值与 pH 的关系去考虑。）

---

① Mg^{2+} 对此反应有干扰，也产生草酸盐沉淀，但 MgC_2O_4 溶于 HAc，故加 HAc 可排除 Mg^{2+} 的干扰。

实验三 胶体溶液的制备与性质

一、实验目的

① 了解胶体的制备、保护和破坏的方法,试验胶体的性质。
② 学习低压电源的使用,继续练习常压过滤。

二、实验用品

仪器:

烧杯、试管、漏斗、低压电源、手电筒、酒精灯、小 U 形管、石棉网、铁圈。

材料:

导线、滤纸。

固体药品:

尿素。

液体药品:

$HCl(0.1\ mol/L)$、$H_2S(0.1\ mol/L)$、单宁酸$(0.1\%,新配制)$、氨水$(10\%,$
$1\ mol/L)$、$Na_2CO_3(0.1\ mol/L)$、酒石酸锑钾(0.4%)、$FeCl_3(2\%)$、$K_4[Fe(CN)_6]$
$(0.02\ mol/L)$、$NaCl(5\%,0.05\ mol/L)$、$BaCl_2(0.05\ mol/L)$、$AlCl_3(0.05\ mol/L)$、
$KNO_3(0.1\ mol/L)$、$(NH_4)_2SO_4(饱和)$、$AgNO_3(0.01\ mol/L)$、动物胶(1%)、硫的
酒精饱和溶液。

三、实验内容

(一)胶体溶液的制备

1. 凝聚法

(1) 改变溶剂法制备硫溶胶

向 3 mL 水中滴硫的酒精饱和溶液 5~6 滴,摇荡试管,观察硫溶胶的生成。试
加以解释。

(2) 用单宁酸还原法制备银溶胶

在试管中注入 2 mL 新配制的 0.1% 单宁酸溶液,再滴入 2~3 滴 0.1 mol/L
的 Na_2CO_3 溶液,摇匀后再逐滴滴入 0.01 mol/L 的 $AgNO_3$ 溶液,适当加热即生成

红棕色的银溶胶。

（3）利用复分解反应制备三硫化二锑溶胶

向 20 mL 0.4％酒石酸锑钾溶液中滴入 0.1 mol/L H_2S 水溶液,摇荡试管,直到溶液变成橙红色为止。

（4）利用水解反应制备氢氧化铁溶胶

向 25 mL 沸水中滴加 4 mL 2％ $FeCl_3$ 溶液并不断搅动,继续煮沸 1～2 min,观察溶液颜色变化,写出反应式。

2．分散法

取 3 mL 2％ $FeCl_3$ 溶液注入试管中,注入 1 mL 0.02 mol/L $K_4[Fe(CN)_6]$ 溶液,用滤纸过滤,并以少量水洗涤所生成的沉淀,滤液为普鲁士蓝溶胶。

（二）胶体溶液的性质

1．胶体溶液的光学性质

在手电筒圆玻璃片上蒙一层黑纸,中心开一小孔,在暗处观察上面制备的各溶胶的丁铎尔效应(图 3.1)。

2．胶体溶液的电学性质——电泳现象

把上面制备的 $Fe(OH)_3$ 溶胶用固体尿素饱和,取上层溶胶注入 U 形管中,然后用滴管沿 U 形管管壁在两边分别注入蒸馏水使两边液面升高约 2 cm。并在两边各加 1 滴 0.1 mol/L KNO_3 溶液。分别插入铜电极,接通直流电源,电压调至 30 V(图 3.2)。半小时后,观察现象。由界面移动的方向判断 $Fe(OH)_3$ 溶胶的胶粒所带的电荷是正还是负。写出 $Fe(OH)_3$ 溶胶的胶粒和胶团的结构。

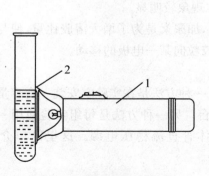

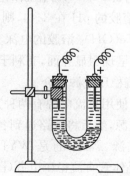

图 3.1　试验丁铎尔效应　　　图 3.2　简单的电泳装置
1. 手电筒　2. 中心开有小孔的黑纸

（三）溶胶的聚沉

① 取 3 支干燥试管,每支中加入 1 mL Sb_2S_3 溶胶,边振荡边向试管中分别滴入不同的电解质溶液,依次为 0.05 mol/L 的 $NaCl$、$BaCl_2$、$AlCl_3$,直到聚沉现象出现为止。准确地记下所加入的每种电解质溶液引起溶胶聚沉所需的量。试解释使溶胶开始聚沉所需要的电解质溶液数量与阳离子电荷的关系。

② 将 2 mL $Fe(OH)_3$ 溶胶和 2 mL Sb_2S_3 溶胶混在一起,振荡试管,可观察到什么现象? 为什么?

③ 取 2 mL 普鲁士蓝溶胶加热至沸,会有什么现象发生? 为什么?

（四）动物胶的保护作用

取两支试管,在第 1 支试管中加 1 mL 蒸馏水,在第 2 支试管中加 1 mL 1%动物胶。然后在每支试管中加 5 mL Sb_2S_3 溶胶,小心地摇荡试管,放置一会,再向两支试管中各注入 1 mL 5% $NaCl$ 溶液,摇匀,观察两支试管中聚沉现象有何差别,试加以解释。

四、思考题

① 如果改变条件:a. 把三氯化铁溶液注入冷水中;b. 把 1 mol/L 硫化钠溶液注入浓酒石酸锑钾溶液中。

能否得到氢氧化铁和三硫化二锑水溶胶? 为什么?

② 溶胶为什么稳定? 如何破坏胶体? 举出日常生活或生产中应用和破坏胶体各两种实例。

五、注意事项

① 在制备 $Fe(OH)_3$ 溶胶的实验中,可在 $Fe(OH)_3$ 溶胶中略加一些 1 mol/L 的氨水,使溶胶的 pH 在 3~4,则丁铎尔现象较明显。

② 在 $Fe(OH)_3$ 溶胶的电泳实验中,加尿素是为了增大溶胶比重,使与上层稀 KNO_3 溶液呈现明显界面,有利于观察胶粒向某一电极的移动。

③ 直流稳压电源简介。

实验室使用直流电源有两种方法。一种方法是在实验室安装一台容量较大的直流稳压电源,然后将线路通到各实验台。另一种方法是每组实验使用一台小型直流稳压电源。常用的是 WYJ 型晶体管直流稳压电源。这里简单介绍一种 WYJ-2 型晶体管直流稳压电源(图 3.3)。

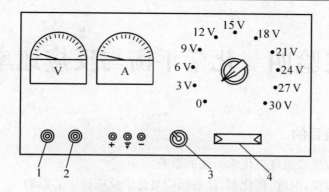

图 3.3　WYJ-2 型晶体管直流稳压电源示意图
1. 过流红灯　2. 工作绿灯　3. 调节旋钮　4. 开关

其工作原理如图 3.4 所示。

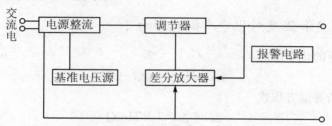

图 3.4　基准电压源和差分放大器电路

交流电经过整流滤波变成直流电,由调节器调节输出需要的电压。

为了使输出的直流电压不随输入的交流电压改变而改变,于是设计了基准电压源和差分放大器电路,以达到稳压的目的。

当输出电流超过给定值时,报警电路的喇叭就会发出响声,以示过流,这时必须降低负载电流。

使用注意事项:

a. 本机输入电压 220 V,输出电压 0～30 V,输出电流 0～2 A。

b. 本机应放在无强光直照、避免潮湿及通风良好的地方,环境温度在 35 ℃以下。

实验四　化学平衡与反应速率

一、实验目的

① 了解浓度和温度对化学平衡的影响。

② 了解浓度、温度、催化剂、接触面积对化学反应速率的影响。

③ 学习简单实验仪器的安装和实验数据的作图法处理。

二、实验原理

（一）浓度和温度对化学平衡的影响

对于可逆的化学反应

$$aA + bB \rightleftharpoons gG + dD$$

根据热力学的等温方程式

$$\Delta G = \Delta G^{\ominus} + RT \ln Q$$

当系统处于平衡态时

$$\Delta G^{\ominus} = 0, \quad Q = K^{\ominus}$$

Q 称为反应商，$K^{\ominus}$ 称为标准平衡常数。实验测得的平衡常数一般用 K 表示。对于在溶液中进行的反应，标准平衡常数可用平衡时各物质的相对浓度 $\frac{C}{C^{\ominus}}$ 的关系式来表示[①]，其表达式为

$$K^{\ominus} = \frac{\left[\dfrac{C(G)}{C^{\ominus}}\right]^g \left[\dfrac{C(D)}{C^{\ominus}}\right]^d}{\left[\dfrac{C(A)}{C^{\ominus}}\right]^a \left[\dfrac{C(B)}{C^{\ominus}}\right]^b}$$

通常用实验平衡常数 K 表示，其表达式为

$$K = \frac{\left[C(G)\right]^g \left[C(D)\right]^d}{\left[C(A)\right]^a \left[C(B)\right]^b}$$

如果外界条件发生改变，将使平衡破坏而发生移动。可根据下列情况来判断反应的自发性或反应进行的方向。

$Q < K^{\ominus}$：自发反应，反应向正方向进行。

---

① 物质的相对浓度是该物质的浓度 $c(\mathrm{mol/L})$ 与标准浓度 $c^{\ominus}(\mathrm{mol/L})$ 的比，它在数值上与该物质的浓度相等，但是无量纲。

$Q=K^\circ$：平衡状态。

$Q>K^\circ$：自发反应，反应向逆方向进行。

在平衡系统中，浓度的改变将导致 Q 的改变，而 K° 并不改变，此时 $Q\neq K^\circ$。如果增大反应物的浓度或减小生成物的浓度，Q 将减小，于是 $Q<K^\circ$，$\Delta G<0$，反应能自发地向正方向进行，平衡将发生移动，直到 $Q=K^\circ$。

例如，铬酸盐和重铬酸盐在水溶液中存在下列平衡：

$$2CrO_4^{2-}+2H^+ \Longrightarrow Cr_2O_7^{2-}+H_2O$$
　　（黄色）　　　　　　（橙色）

加酸或加碱都会使平衡发生移动而引起颜色的变化。

系统达到平衡后，若不改变系统的 Q 而改变温度，系统的 K° 将会随着温度 T 的改变而发生变化。对于吸热反应，升高温度，K° 值增大，于是 $Q<K^\circ$，$\Delta G<0$，平衡向正反应方向移动；对于放热反应，升高温度，K° 值减小，于是 $Q>K^\circ$，$\Delta G>0$，平衡向逆反应方向移动。

例如：

$$[Cu(H_2O)_4]^{2+}+4Br^- \Longrightarrow [CuBr_4]^{2-}+4H_2O \tag{4.1}$$
　　（蓝色）　　　　　　　　　（绿色）

其中 $\Delta_r H_m^\circ>0$，加热将使反应向右进行，溶液由蓝色变为绿色；冷却将使反应向左进行，溶液由绿色变为蓝色。

（二）浓度和温度对反应速率的影响

在给定的温度条件下，化学反应速率与各反应物浓度（以化学反应式中该物质的化学计量数为指数）的乘积成正比。这一定量关系称为质量作用定律。它仅适用于一步完成的基元反应。实际上，很多反应都是由几个基元反应组成的复杂反应。例如，Na_2SO_3 和 KIO_3 在酸性溶液中总的反应可表达为

$$5SO_3^{2-}+2IO_3^-+2H^+ == 5SO_4^{2-}+I_2(s)+H_2O(l) \tag{4.2}$$

实际反应的机理较复杂，一般认为可能按下列几个连续过程进行：

$$IO_3^-+SO_3^{2-} == IO_2^-+SO_4^{2-}（慢） \tag{4.3}$$

$$IO_2^-+2SO_3^{2-} == I^-+2SO_4^{2-}（快） \tag{4.4}$$

$$5I^-+IO_3^-+6H^+ == 3I_2(s)+3H_2O(l)（快） \tag{4.5}$$

$$I_2(s)+SO_3^{2-}+H_2O(l) == 2I^-+SO_4^{2-}+2H^+（快） \tag{4.6}$$

总的反应速率由最慢的反应（4.3）所决定，反应（4.3）产生的 IO_2^- 很快与剩余的 SO_3^{2-} 作用而产生 I^-，I^- 与 IO_3^- 作用产生 I_2，I_2 又立即与 SO_3^{2-} 作用生成 I^-。这样，只有亚硫酸根离子完全耗尽后，反应（4.5）所生成的单质碘才可能存在，并与溶

液中的淀粉作用而呈蓝色[①]，因而可借蓝色出现所需的时间来表示这一反应的反应速率的快慢。

在给定的温度变化范围内，温度对反应速率的影响可用阿伦尼乌斯(Arrhenius)公式表示：

$$k = Ze^{\frac{E_a}{RT}}$$

式中：k 为反应速率常数；Z 为指(数)前因子；E_a 为反应的活化能；R 为摩尔气体常数；T 为温度。温度升高，由于 k 的增大而使反应速率增大，这主要是由于活化分子的百分数增大，从而使活化分子总数大大增多，反应显著加快。对于上述 SO_3^{2-} 与 IO_3^- 的反应，可根据在不同温度条件下出现蓝色所需的时间，粗略地表明温度对反应速率的影响。

(三) 催化剂对反应速率的影响

催化剂能显著增加反应速率是因为它改变了反应的过程(或历程)，降低了反应的活化能，从而增大了活化分子数。

若催化系统只有一个相，则称为单相(或均相)催化；若催化系统不止一个相，则称为多相(或复相)催化。例如：

$$2KMnO_4 + 5H_2C_2O_4 + 3H_2SO_4 \!=\!=\! 2MnSO_4 + 10CO_2 + K_2SO_4 + 8H_2O$$

反应中所产生的 $MnSO_4$ 是催化剂，该催化系统为单相催化。

对一给定反应，具有催化作用的物质常常不止一种，如 MnO_2、Fe^{3+}、Cu^{2+} 等都是 H_2O_2 分解反应的催化剂。有时只用一种催化剂时，催化效率并不高，若将几种催化剂并用，可大大提高催化效率，这叫作共催化作用。例如，对于反应

$$2H_2O_2 \!=\!=\! 2H_2O(l) + O_2(g)$$

来说，Fe^{3+} 的催化能力比 Cu^{2+} 的要强，而 Fe^{3+} 和 Cu^{2+} 对 H_2O_2 的分解具有共催化作用。

三、实验用品

仪器：

台天平(公用)、酒精灯、烧杯(50 mL 4 只，200 mL)、锥形瓶(250 mL)、试管、大试管(3 支)、小试管(2 支，干燥)、试管架、试管夹、石棉铁丝网、铁架、铁圈、滴管、量筒(10 mL 3 只、50 mL)、简易式滴定管、滴定管夹、白瓷板、洗瓶、玻璃棒、滤纸片、乳胶管、温度计(0～100 ℃)、停表(秒表)、装有玻璃管和滴管的橡皮塞。

药品：

$H_2C_2O_4$(0.5 mol/L)、HCl(2 mol/L、6 mol/L，浓)、H_2SO_4(2 mol/L)、NaOH

[①] 反应中生成的 I_2 与未作用的 I^- 形成 I_3^-，溶液所产生的蓝色实际上是 I_3^- 与淀粉形成的配合物的颜色。

（2 mol/L）、$CoCl_2$（0.1 mol/L）、$CuCl_2$（1 mol/L）、$CuSO_4$（1 mol/L）、$FeCl_3$（0.1 mol/L，1 mol/L）、KBr（1 mol/L）、$K_2Cr_2O_7$（0.1 mol/L）、KIO_3（0.01 mol/L）、$KMnO_4$（0.01 mol/L）、$MnSO_4$（0.1 mol/L）、Na_2SO_3[①]、H_2O_2（6%）、大理石（粒状、粉状）[②]、锌粒、锌粉。热水可由实验室预备提供。

四、实验内容

（一）浓度和温度对化学平衡的影响

1. 浓度的影响

① 取 1 支试管，加入 1～2 mL 0.1 mol/L $K_2Cr_2O_7$ 溶液，在其中滴加少量 2 mol/L NaOH 溶液，然后再加入 2 mol/L H_2SO_4 使之酸化，观察溶液颜色的变化，并进行解释。

② 往 50 mL 小烧杯中加入约 10 mL 去离子水，用酒精灯加热至沸，然后往沸水中加入 1～2 滴 0.1 mol/L $FeCl_3$ 溶液，观察现象并写出化学反应式。

将上面制取的胶体溶液分别等量地注入 4 支试管中。往第 1 支试管中加入 1～2 滴 0.1 mol/L $FeCl_3$ 溶液，并加热，往第 2 支试管中加入少量锌粉，往第 3 支试管中加入几滴浓 HCl 溶液，分别与第 4 支试管中的胶体溶液作对比。观察并解释所出现的现象。

2. 温度的影响

往试管中加入约 1 mL 1 mol/L KBr 溶液，再滴加 5～6 滴 1 mol/L $CuSO_4$ 溶液，摇匀后，在酒精灯上加热至 70～80 ℃，再用自来水淋洗试管外壁。观察颜色变化并解释之。

（二）浓度和温度对反应速率的影响

1. 浓度的影响

往洁净、擦干的小烧杯中加入 5 mL 0.01 mol/L KIO_3 溶液和 45 mL 去离子水，用玻璃棒搅匀，再加入 10 mL Na_2SO_3 溶液（含有淀粉且用 H_2SO_4 酸化过的），立即用玻璃棒搅匀。用停表记录溶液从开始混合至出现蓝色所需要的时间（要求为便于观察颜色的变化，可在烧杯下垫一块白瓷板）。

---

① 溶液中含 1 g Na_2SO_3（或 2 g $Na_2SO_3 \cdot 7H_2O$）、5 g 可溶性淀粉及 4 mL 浓硫酸，需在实验前新配制。

② 大理石也可用碳酸钙代替。

同上操作,按表 4.1 中 Ⅱ、Ⅲ、Ⅳ 要求,分别改变 KIO_3 和水的用量,并加入 10 mL Na_2SO_3 溶液。将各次反应出现蓝色所需的时间记录于表中。

以 KIO_3 溶液的浓度 $c(KIO_3)$ 为横坐标,反应所需时间的倒数 $1/t$(可简易地表现其反应速率)为纵坐标,按实验结果在坐标纸上作图,由此得出反应速率与 KIO_3 溶液的关系。

表 4.1 浓度对反应速率的影响

实 验 编 号	Ⅰ	Ⅱ	Ⅲ	Ⅳ
Na_2SO_3 淀粉溶液的体积(mL)	10	10	10	10
KIO_3 溶液的体积(mL)	5	10	15	20
H_2O 的体积(mL)	45	40	35	30
KIO_3 溶液的浓度(mol/L)				
反应时间 $t(s)$				
时间的倒数 $1/t(1/s)$				

2. 温度的影响

取 3 支大试管,量取 0.5 mL 0.01 mol/L KIO_3 溶液和 4.5 mL 去离子水,倒入第 1 支试管中,摇匀。再量取 1 mL Na_2SO_3 溶液(含有淀粉且用 H_2SO_4 酸化过的)倒入第 2 支试管中。往第 3 支试管中加入约 5 mL 水,并插入温度计(图 4.1)。然后将这 3 支试管同时插入盛有自来水的烧杯(用作水浴)中。1~2 min 后(使试管中溶液的温度不再改变),记下温度。将 Na_2SO_3 溶液倒入盛有 KIO_3 的大试管中,摇荡使之混合均匀,同时按动停表,记录出现蓝色所需的时间。

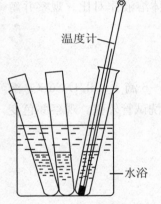

温度计

水浴

图 4.1 水浴加热示意图

往烧杯中加入热水,使水温分别较室温升高 10 K 和 20 K,按上述操作再进行两次实验。在反应过程中应经常用小火加热,以防止其温度下降。试管中溶液混合后,盛有混合溶液的试管仍应放在盛有热水的烧杯中,以尽量保持温度的恒定。根据实验结果,粗略说明温度与反应速率的关系。

(三)催化剂对反应速率的影响

1. 单相(或均相)催化

取两支试管,往一支试管中加入 1 mL 2 mol/L H_2SO_4、0.5 mL 0.1 mol/L $MnSO_4$ 和 3 mL 0.05 mol/L $H_2C_2O_4$ 溶液,往另一支试管中加入 1 mL 2 mol/L

H_2SO_4、0.5 mL 去离子水和 3 mL 0.05 mol/L $H_2C_2O_4$ 溶液。然后往这两支试管中再各加入 3 滴 0.01 mol/L $KMnO_4$ 溶液,摇匀,比较这两支试管中紫色褪去的快慢。

2. 多相(或复相)催化

往两支试管中分别加入 2～3 mL 2 mol/L HCl 溶液,再各加一个锌粒,然后在其中的一试管中加入数滴 0.1 mol/L $CoCl_2$ 溶液,对比反应速率有何差别? 由此可得到什么结论?

3. 共催化作用

取 4 支试管,分别往每支试管中加入相同体积的质量分数为 6％的 H_2O_2 溶液。然后往第 1 支试管中滴入 2 滴 1 mol/L $FeCl_3$ 溶液,往第 2 支试管中滴入 6 滴 1 mol/L $CuCl_2$ 溶液,往第 3 支试管中滴入 1 滴 1 mol/L $FeCl_3$ 溶液和 2 滴 1 mol/L $CuCl_2$ 溶液。分别摇匀,比较这 4 支试管中生成气泡的多少和快慢有何不同,并由此得出结论。

(四)接触面积对反应速率的影响

1. 仪器安装

按图 4.2 装置各仪器(图中小试管 6 可先不装入),并用乳胶管将简易式滴定管(已去尖嘴)与橡皮塞上的玻璃管相连。

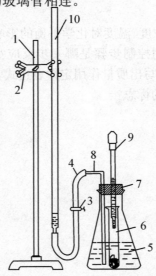

图 4.2　接触面积对反应速率的影响装置示意图

1. 铁架　2. 滴定管夹　3. 螺旋夹　4. 乳胶管　5. 锥形瓶　6. 小试管

7. 橡皮塞　8. 玻璃管　9. 滴管　10. 简易式滴定管

2. 气密性检查

松开锥形瓶橡皮塞,往滴定管中注入约 150 mL 水(为使液面观察方便和减少 CO_2 气被水吸收,应在水中加入少量红墨水和 HCl 溶液),并使玻璃管中充满水,上下移动滴定管,以赶尽附着在乳胶管内的气泡。塞紧橡皮塞,使装置密封,然后降低滴定管的位置,静观片刻,若滴定管中液面基本保持恒定,说明装置并不漏气,否则应检查各连接处,直至不漏气为止,用螺旋夹将乳胶管夹住。

3. 反应速率测定

用台天平称取 1 g 块状大理石,将它倒入一支洁净干燥的小试管中。松开橡皮塞,将小试管小心地垂直放入锥形瓶中,用橡皮塞上的滴管吸取少量(约 1 mL)6 mol/L HCl 溶液,并将滴管的尖嘴插入小试管中,塞紧橡皮塞,松开螺旋夹,再次检查是否漏气。确认不漏气后,调节滴定管高度,使其中液面高度刚超过刻度 50 mL 以上,将滴管内的 HCl 溶液加入装有大理石的小试管中,同时按动停表,记录滴定管中液面上升 40 mL 所需的时间(若滴定管中的水将升至滴定管口,可立即松开橡皮塞,以防止水溢出)。

往另一支洁净干燥的小试管中加入 1 g 粉末状大理石,按上述操作重复一次实验。在加入的 HCl 溶液体积相同的条件下,比较产生同体积 CO_2 所需时间的多少,以确定反应速率的大小。

五、思考题

① 本实验中如何考察浓度、温度对化学平衡的影响?

② 本实验内容(二)中的控制步骤是哪一步反应? 该反应的反应速率怎样表示? 能否按化学反应式直接写出质量作用定律表达式? 为什么可用溶液中蓝色的出现作为 H_2SO_3 已反应完的标志?

实验五　电离平衡与盐类水解

一、实验目的

① 了解电解质电离的特点;巩固 pH 的概念;了解影响平衡移动的因素。
② 了解缓冲溶液的配制及其性质。
③ 了解盐类水解反应及其水解平衡移动。

二、实验用品

仪器:

试管、试管夹、铁台、铁夹、酒精灯、滴管。

材料:

pH 试纸(广范试纸、精密试纸、$Pb(AC)_2$ 试纸)。

药品:

锌粒、$Bi(NO_3)_3$、NaAc、NH_4Cl、HCl(0.2 mol/L、0.1 mol/L)、HAc(2 mol/L、0.2 mol/L、0.1 mol/L)、H_2S(0.1 mol/L)、NaOH(2 mol/L、0.2 mol/L、0.1 mol/L)、$NH_3 \cdot H_2O$(0.2 mol/L、0.1 mol/L)、NaAc(0.2 mol/L)、NH_4Cl(0.2 mol/L、0.1 mol/L)、NaCl(0.1 mol/L)、NH_4Ac(0.1 mol/L)、Na_2S(0.1 mol/L)、$FeCl_3$(0.1 mol/L)、NaH_2PO_4(0.1 mol/L)、Na_2HPO_4(0.1 mol/L)、HNO_3(6 mol/L)、Na_2CO_3(饱和溶液)、$Al_2(SO_4)_3$(饱和溶液)、甲基橙溶液、酚酞溶液。

三、实验内容

(一)强弱电解质溶液的比较

① 用 pH 试纸测定 0.1 mol/L NaOH、0.1 mol/L $NH_3 \cdot H_2O$、蒸馏水、0.1 mol/L H_2S、0.1 mol/L HAc 的 pH,并与计算结果相比较。把上述溶液按测得的 pH 从小到大排列成序。

② 比较盐酸和醋酸的酸性。

a. 在两支试管中分别滴入 5 滴 0.1 mol/L HCl 和 0.1 mol/L HAc,再各滴 1 滴甲基橙指示剂,观察溶液的颜色(如现象不明显,可各加入 1 mL 蒸馏水后再观察)。

b. 分别用玻璃棒蘸一滴 0.1 mol/L HCl 和 0.1 mol/L HAc 溶液于两片 pH

试纸上,观察 pH 试纸的颜色并判断 pH。

c. 在两支试管中,分别加入 2 mL 0.1 mol/L HCl 和 0.1 mol/L HAc 溶液,再各加一小颗锌粒并加热试管。观察在哪一个试管中反应较为激烈。说明原因。将实验结果和计算的 pH 填入表 5.1。

表 5.1　实验结果记录

	甲基橙	pH		加锌粒并加热
		测定值	计算值	
0.1 mol/L HCl				
0.1 mol/L HAc				

(二) 同离子效应

① 往试管中加入 1 mL 0.2 mol/L HAc 溶液,滴 1 滴甲基橙溶液,观察溶液显什么颜色。再注入 1 mL 0.2 mol/L NaAc 溶液,观察溶液有何变化。计算混合溶液的 pH,将计算结果和实验现象填入表 5.2。

表 5.2　实验结果记录

	甲基橙	pH	现象解释
0.2 mol/L HAc			
0.2 mol/L HAc 与 0.2 mol/L NaAc 等量混合			

② 往试管中加入 1 mL 0.2 mol/L $NH_3 \cdot H_2O$ 溶液,滴 1 滴酚酞溶液,观察溶液显什么颜色。再注入 1 mL 0.2 mol/L NH_4Cl 溶液,观察指示剂颜色的变化;再加少量固体 NH_4Cl,观察指示剂颜色的变化。解释上述现象。计算溶液的 pH,将计算结果和实验现象填入表 5.3。

表 5.3　实验结果记录

	酚酞	pH	现象解释
0.2 mol/L $NH_3 \cdot H_2O$			
0.2 mol/L $NH_3 \cdot H_2O$ 与 0.2 mol/L NH_4Cl 等量混合			

③ 取数毫升 0.1 mol/L H_2S 溶液注入试管中,检查试管口有没有 H_2S 气体放出(用什么检查?)。向试管中滴数滴 2 mol/L NaOH 溶液呈碱性,检查有没有 H_2S 逸出。再向试管中注入 6 mol/L HCl 使呈酸性,还有没有 H_2S 气体产生? 解释这些现象。

结合上述 3 个实验,讨论电离平衡的移动。

(三) 缓冲溶液的配制和性质

① 往两支试管中各加入 3 mL 蒸馏水,再分别滴入 1 滴 0.2 mol/L HCl 或

0.2 mol/L NaOH,测定它们的 pH,与前一实验测定的蒸馏水的 pH 做比较,记下 pH 的改变。

② 往一支大试管中加入 5 mL 0.2 mol/L HAc 和 5 mL 0.2 mol/L NaAc 溶液,摇匀后用 pH 试纸测定该溶液的 pH,并与计算值比较。

取 3 支试管,各加入此缓冲溶液 3 mL,然后分别加入 1 滴 0.2 mol/L HCl、0.2 mol/L NaOH、蒸馏水(各加一种),再用 pH 试纸分别测定它们的 pH。与原来缓冲溶液的 pH 做比较,可得出什么结论?

（四）盐类的水解

① 用 pH 试纸测定下列溶液(都是 0.1 mol/L)的 pH。

$NaCl,NH_4Cl,Na_2S,NH_4Ac,NaH_2PO_4,Na_2HPO_4$

② 往一试管中加入少量固体 NaAc 溶于少量蒸馏水中,滴 1 滴酚酞溶液。然后将溶液分盛入两支试管中,将一支试管中的溶液加热至沸,比较这两支试管溶液的颜色,并解释观察到的现象。

③ 往试管中加入少量固体 $Bi(NO_3)_3$,用蒸馏水溶解,有什么现象?用 pH 试纸测定其 pH,滴加 6 mol/L HNO_3 使溶液澄清,再加入蒸馏水稀释,又有何现象? 根据平衡原理解释观察到的现象,由此了解实验室配制 $Bi(NO_3)_3$ 溶液时应该怎样做。

④ 在一装有饱和 $Al_2(SO_4)_3$ 溶液的试管中注入饱和 Na_2CO_3 溶液,有何现象? 证明产生的沉淀是 $Al(OH)_3$ 而不是碳酸铝。写出反应方程式。

四、思考题

① 同离子效应对弱电解质的电离度有什么影响?
② 为什么 $NaHCO_3$ 水溶液呈碱性,而 $NaHSO_4$ 水溶液呈酸性?
③ 为什么 H_3PO_4 溶液呈酸性,NaH_2PO_4 溶液呈微酸性,Na_2HPO_4 溶液呈微碱性,Na_3PO_4 溶液呈碱性?
④ 如何配制 Sn^{2+}、Sb^{3+}、Fe^{3+} 等盐的水溶液?

实验六　化学反应速率与活化能的测定

一、实验目的

① 了解浓度、温度及催化剂对化学反应速率的影响。

② 测定 $(NH_4)_2S_2O_8$ 与 KI 反应的速率、反应级数、速率系数和反应的活化能。

二、实验原理

$(NH_4)_2S_2O_8$ 和 KI 在水溶液中发生如下反应：

$$S_2O_8^{2-}(aq) + 3I^-(aq) =\!\!= 2SO_4^{2-}(aq) + I_3^-(aq) \tag{6.1}$$

这个反应的平均反应速率为

$$\bar{v} = -\frac{\Delta c(S_2O_8^{2-})}{\Delta t} = kc^\alpha(S_2O_8^{2-}) \cdot c^\beta(I^-)$$

式中：$\bar{v}$ 为反应的平均反应速率；$\Delta c(S_2O_8^{2-})$ 为 Δt 时间内 $S_2O_8^{2-}$ 的浓度变化；$c(S_2O_8^{2-})$、$c(I^-)$ 分别为 $S_2O_8^{2-}$、I^- 的起始浓度；k 为该反应的速率系数；α、β 分别为反应物 $S_2O_8^{2-}$、I^- 的反应级数，$\alpha + \beta$ 为该反应的总级数。

为了测出在一定时间（Δt）内 $S_2O_8^{2-}$ 的浓度变化，在混合 $(NH_4)_2S_2O_8$ 和 KI 溶液的同时，加入一定体积的已知浓度的 $Na_2S_2O_3$ 溶液和淀粉，这样在反应（6.1）进行的同时，还有以下反应发生：

$$2S_2O_3^{2-}(aq) + I_3^-(aq) =\!\!= S_4O_6^{2-}(aq) + 3I^-(aq) \tag{6.2}$$

由于反应（6.2）的速率比反应（6.1）的大得多，由反应（6.1）生成的 I_3^- 会立即与 $S_2O_3^{2-}$ 反应生成无色的 $S_4O_6^{2-}$ 和 I^-。这就是说，在反应开始的一段时间内，溶液呈无色，但当 $Na_2S_2O_3$ 一旦耗尽，由反应（6.1）生成的微量 I_3^- 就会立即与淀粉作用，使溶液呈蓝色。

由反应（6.1）和（6.2）的关系可以看出，每消耗 1 mol $S_2O_8^{2-}$ 就要消耗 2 mol $S_2O_3^{2-}$，即

$$\Delta c(S_2O_8^{2-}) = \frac{1}{2}\Delta c(S_2O_3^{2-})$$

由于在 Δt 时间内，$S_2O_3^{2-}$ 已全部耗尽，所以 $\Delta c(S_2O_3^{2-})$ 实际上就是反应开始时 $Na_2S_2O_3$ 的浓度，即

$$-\Delta c(S_2O_3^{2-}) = c_0(S_2O_3^{2-})$$

这里的 $c_0(S_2O_3^{2-})$ 为 $Na_2S_2O_3$ 的起始浓度。在本实验中，由于每份混合液中 $Na_2S_2O_3$ 的起始浓度都相同，因而 $\Delta c(S_2O_3^{2-})$ 也是相同的，这样，只要记下从反应开始到出现蓝色所需要的时间（Δt），就可以算出一定温度下该反应的平均反应

速率：

$$\bar{v} = -\frac{\Delta c(S_2O_8{}^{2-})}{\Delta t} = -\frac{\Delta c(S_2O_3{}^{2-})}{2\Delta t} = \frac{c_0(S_2O_3{}^{2-})}{2\Delta t}$$

按照初始速率法，从不同浓度下测得的反应速率，即可求出该反应的反应级数 α 和 β，进而求得反应的总级数 $\alpha + \beta$，再由 $k = \dfrac{v}{c^{\alpha}(S_2O_8{}^{2-}) \cdot c^{\beta}(I^-)}$ 求出反应的速率系数 k。

由阿伦尼乌斯方程得

$$\lg\{k\} = A - \frac{E_a}{2.303RT}$$

式中：E_a 为反应的活化能；R 为摩尔气体常数，$R = 8.314 \; \text{J} \cdot \text{mol}^{-1} \cdot \text{K}^{-1}$；$T$ 为热力学温度。

求出不同温度时的 K 值后，以 $\lg\{k\}$ 对 $\dfrac{1}{T}$ 作图，可得一直线，由直线的斜率 $\left(-\dfrac{E_a}{2.303R}\right)$ 可求得反应的活化能 E_a。

Cu^{2+} 可以加快 $(NH_4)_2S_2O_8$ 与 KI 反应的速率，Cu^{2+} 的加入量不同，加快的反应速率也不同。

三、实验用品

仪器：

恒温水浴 1 台，烧杯(50 mL)5 个(标上 1、2、3、4、5)，量筒(10 mL 4 个，分别贴上 0.2 mol/L $(NH_4)_2S_2O_8$，0.2 mol/L KI，0.2 mol/L KNO_3，0.2 mol/L $(NH_4)_2SO_4$；试管 5 mL 2 个，分别贴上 0.05 mol/L $Na_2S_2O_3$，0.2%淀粉)，秒表 1 块，玻璃棒或电磁搅拌器。

药品：

$(NH_4)_2S_2O_8$(0.2 mol/L)、KI(0.2 mol/L)、$Na_2S_2O_3$(0.05 mol/L)、KNO_3(0.2 mol/L)、$(NH_4)_2SO_4$(0.2 mol/L)、淀粉溶液(0.2%)、$Cu(NO_3)_2$(0.02 mol/L)。

四、实验内容

(一) 浓度对反应速率的影响，求反应级数、速率系数

在室温下，按表 6.1 所列各反应物用量，用量筒准确量取各试剂，除 0.2 mol/L $(NH_4)_2S_2O_8$ 溶液外，其余各试剂均可按用量混合在各编号烧杯中，当加入 0.2 mol/L $(NH_4)_2S_2O_8$ 溶液时，立即计时，并把溶液混合均匀(用玻璃棒搅拌或把烧杯放在电磁搅拌器上搅拌)，等溶液变蓝时停止计时，记下时间 Δt 和室温。

计算每次实验的反应速率 v，并填入表 6.1 中。

表 6.1 浓度对反应速率的影响 室温:15 ℃

实验编号	1	2	3	4	5
$V[(NH_4)_2S_2O_8](mL)$	10	5	2.5	10	10
$V(KI)(mL)$	10	10	10	5	2.5
$V(Na_2S_2O_3)(mL)$	3	3	3	3	3
$V(KNO_3)(mL)$				5	7.5
$V[(NH_4)_2SO_4](mL)$		5	7.5		
$V(淀粉溶液)(mL)$	1	1	1	1	1
$c_0(S_2O_8^{2-})(mol/L)$					
$c_0(I^-)(mol/L)$					
$c_0(S_2O_3^{2-})(mol/L)$					
$\Delta t(s)$					
$\Delta c(S_2O_3^{2-})(mol/L)$					
$v(mol \cdot L^{-1} \cdot s^{-1})$					
$k((mol/L)^{1-\alpha-\beta} \cdot s^{-1})$					
$c_0^{\alpha}(S_2O_8^{2-})$					
$c_0^{\beta}(I^-)$					

用表 6.1 中实验 1、2、3 的数据,依据初始速率法求 α;用实验 1、4、5 的数据,求出 β;然后求出 $\alpha+\beta$;再由公式 $k=\dfrac{v}{c^{\alpha}(S_2O_8^{2-}) \cdot c^{\beta}(I^-)}$ 求出各实验的 k,并把计算结果填入表 6.1 中。

(二) 温度对反应速率的影响,求活化能

按表 6.1 中实验 1 的试剂用量分别在高于室温 5 ℃、10 ℃和 15 ℃的温度下进行实验。这样就可测得这三个温度下的反应时间,并计算三个温度下的反应速率及速率系数,把数据和实验结果填入表 6.2 中。

表 6.2 温度对反应速率的影响

实验编号	$T(K)$	$\Delta t(s)$	$v(mol \cdot L^{-1} \cdot s^{-1})$	$k((mol/L)^{1-\alpha-\beta} \cdot s^{-1})$	$lg\{k\}$	$\dfrac{1}{T}(K^{-1})$
1						
6						
7						
8						

利用表 6.2 中各次实验的 k 和 T，作 $\lg\{k\}-\dfrac{1}{T}$ 图，求出直线的斜率，进而求出反应(6.1)的活化能 E_a。

（三）催化剂对反应速率的影响

在室温下，按表 6.1 中实验 1 的试剂用量，再分别加入 1 滴、5 滴、10 滴 0.02 mol/L $Cu(NO_3)_2$ 溶液(为使总体积和离子强度一致，不足 10 滴的用 0.2 mol/L $(NH_4)_2SO_4$ 溶液补充)。如表 6.3 所示。

表 6.3　催化剂对反应速率的影响

实验编号	9	10	11
加入 $Cu(NO_3)_2$ 溶液(0.02 mol/L)的滴数	1	5	10
反应时间 $\Delta t(s)$			
反应速率 $v(mol \cdot L^{-1} \cdot s^{-1})$			

将表 6.3 中的反应速率与表 6.1 中的进行比较，你能得出什么结论？

五、思考题

① 若用 I^-(或 I_3^-)的浓度变化来表示该反应的速率，则 v 和 k 是否和用 $S_2O_8{}^{2-}$ 的浓度变化表示的一样？

② 实验中当蓝色出现后，反应是否就终止了？

实验七　醋酸解离度和解离常数的测定

一、实验目的

① 了解电导率法测定醋酸解离度和解离常数的原理和方法。
② 加深对弱电解质解离平衡的理解。
③ 学习电导率仪的使用方法,进一步学习滴定管、移液管的基本操作。

二、实验原理

醋酸 CH_3COOH 即 HAc,在水中是弱电解质,存在着下列解离平衡:

$$HAc(aq) + H_2O(l) \rightleftharpoons H_3O^+ (aq) + Ac^- (aq)$$

或简写为

$$HAc(aq) \rightleftharpoons H^+ (aq) + Ac^- (aq)$$

其解离常数为

$$K_a(HAc) = \frac{\{c^{eq}(H^+)/c^{\ominus}\}\{c^{eq}(Ac^-)/c^{\ominus}\}}{\{c^{eq}(HAc)/c^{\ominus}\}} \tag{7.1}$$

如果 HAc 的起始浓度为 c_0,其解离度为 α,由于 $c^{eq}(H^+) = c^{eq}(Ac^-) = c_0\alpha$,代入式(7.1)得

$$K_a(HAc) = (c_0\alpha)^2/[(c_0 - c_0\alpha)c^{\ominus}] = c_0\alpha^2/[(1-\alpha)c^{\ominus}] \tag{7.2}$$

某一弱电解质的解离常数 K_a 仅与温度有关,而与该弱电解质溶液的浓度无关;其解离度 α 则随溶液浓度的降低而增大。可以有多种方法用来测定弱电解质的 α 和 K_a,本实验采用的方法是用电导率测定 HAc 的 α 和 K_a。

电解质溶液是离子电导体,在一定温度时,电解质溶液的电导(电阻的倒数) λ 为

$$\lambda = kA/l \tag{7.3}$$

式中:k 为电导率(电阻率的倒数),表示长度 l 为 1 m、截面积 A 为 1 m^2 导体的电导,单位为 $S \cdot m^{-1}$。电导的单位为 S[西(门子)]。

在一定温度下,电解质溶液的电导 λ 与溶质的性质及其浓度 c 有关。为了便于比较不同溶质的溶液的电导,常采用摩尔电导 λ_m。它表示在相距 1 cm 的两平行电极间,放置含有 1 单位物质的量电解质的电导,其数值等于电导率 k 乘以此溶液的全部体积。若溶液的浓度为 $c(mol \cdot dm^{-3})$,则溶液的摩尔电导为

$$\lambda_m = kV = 10^{-3}k/c \tag{7.4}$$

λ_m 的单位为 $S \cdot m^2 \cdot mol^{-1}$。

根据式(7.2),弱电解质溶液的浓度 c 越小,弱电解质的解离度 α 越大,无限稀释时弱电解质也可看作是完全解离的,即此时的 $\alpha = 100\%$。从而可知,一定温度下,某浓度 c 的摩尔电导 λ_m 与无限稀释时的摩尔电导 $\lambda_{m,\infty}$ 之比,即为该弱电解质的解离度:

$$\alpha = \lambda_m / \lambda_{m,\infty} \tag{7.5}$$

不同温度时,HAc 的 $\lambda_{m,\infty}$ 值如表 7.1 所示。

表 7.1　不同温度下 HAc 无限稀释时的摩尔电导 $\lambda_{m,\infty}$

温度 T(K)	273	291	298	303
$\lambda_{m,\infty}$(S·m²·mol^{-1})	0.024 5	0.034 9	0.039 1	0.042 8

借电导率仪测定一系列已知起始浓度的 HAc 溶液的 k 值。根据式(7.4)及式(7.5)即可求得所对应的解离度 α。若将式(7.5)代入式(7.2),可得

$$K_a = c_0 \lambda_m^2 / [\lambda_{m,\infty}(\lambda_{m,\infty} - \lambda_m)] \tag{7.6}$$

根据式(7.6),可求得 HAc 的解离常数 K_a。

三、实验用品

仪器:

烧杯(100 mL,5 只)、锥形瓶(250mL,2 只)、铁架、移液管(25 mL,3 支)、吸气橡皮球、滴定管(玻璃塞式、简易式)、滴定管夹、白瓷板、洗瓶、玻璃棒、滤纸片、温度计(0~100 ℃,公用)、pH 计(附玻璃电极、甘汞电极)、电导率仪(附铂黑电导电极)。

药品:

醋酸 HAc(0.1 mol/L)、标准氢氧化钠 NaOH(0.1 mol/L,4 位有效数字)、邻苯二甲酸氢钾 KHC$_6$H$_4$(COO)$_2$(0.05 mol/L)、酚酞(1%)。

四、实验内容

(一)醋酸溶液浓度的标定

用移液管(有哪些应注意之处? 参见基本操作二中的移液管的使用)量取 2 份 25.00 mL 0.1 mol/L HAc 溶液,分别注入 2 只锥形瓶中,各加 2 滴酚酞溶液。

分别用标准 NaOH 溶液滴定到溶液显浅红色,半分钟内不褪色即为终点,计算滴定所用的标准 NaOH 溶液的体积,从而求得 HAc 溶液的准确浓度。

重复上述实验,求出两次测定 HAc 溶液浓度的平均值。

(二)系列醋酸溶液的电导率的测定

用移液管量取 25.00 mL 已标定的 HAc 溶液置于烧杯中,另用移液管量取

25.00 mL 去离子水与上述 HAc 溶液混合。用玻璃棒搅拌均匀。按电导率仪中的操作步骤，使用铂黑电导电极，将高低周开关拨到"低周"，测定所配制的 HAc 溶液的电导率。

随后，用移液管从已测定过电导率的溶液中取出 25.00 mL，并弃去；再用另一支移液管加入 25.00 mL 去离子水[①]搅拌均匀，测定此稀释后 HAc 溶液的电导率。如此不断稀释，测定电导率共 4~6 次。

记录实验时室温与不同起始浓度时的电导率 k 的数据。根据表 7.1 的数值，得到实验室温下 HAc 无限稀释时的摩尔电导 $\lambda_{m,\infty}$[②]。再按式(7.4)计算不同初始浓度时的摩尔电导 λ_m。即可由式(7.5)求得各浓度时 HAc 的解离度 α。根据式(7.2)或式(7.6)的计算，取平均值，可得 HAc 的解离常数 K_a。

五、数据记录和处理

(一)醋酸溶液浓度的标定

如表 7.2 所示。

表 7.2

实 验 编 号	I	II
滴定后 NaOH 液面的位置 V_2(NaOH)(cm³)		
滴定前 NaOH 液面的位置 V_1(NaOH)(cm³)		
滴定中用去 NaOH 溶液的体积 V(NaOH)(cm³)		
两次滴定用去 NaOH 体积的平均值 V_{av}(NaOH)(cm³)		
标准 NaOH 溶液的浓度 c(NaOH)(mol·dm⁻³)		
滴定中取用 HAc 溶液的体积 V(HAc)(cm³)		
HAc 溶液的浓度 c(HAc)(mol·dm⁻³)=c(NaOH)V_{av}(NaOH)/V(HAc)		

(二)醋酸溶液的电导率、醋酸的解离度和解离常数的测定

如表 7.3 所示。

---

① 为使实验结果不产生较大的误差，本实验所用去离子水的电导率应不大于 1.2×10^{-3} S·m⁻¹。

② 若室温不同于表 7.1 中所列温度，可用内插法近似求得所需的 $\lambda_{m,\infty}$ 值。例如，室温为 295 K 时，HAc 无限稀释时的摩尔电导 $\lambda_{m,\infty}$ 为

$$\frac{(0.039\,1-0.034\,9)\text{S·m}^2\cdot\text{mol}^{-1}}{x\text{ S·m}^2\cdot\text{mol}^{-1}}=\frac{(298-291)\text{K}}{(295-291)\text{K}}$$

$$x=0.002\,4\text{ S·m}^2\cdot\text{mol}^{-1}$$

$$\lambda_{m,\infty}=(0.034\,9+x)\text{S·m}^2\cdot\text{mol}^{-1}=0.037\,3\text{ S·m}^2\cdot\text{mol}^{-1}$$

表 7.3

实验编号	HAc 溶液的起始浓度 $c_0(\text{HAc})(\text{mol} \cdot \text{dm}^{-3})$	电导率 $k(\text{S} \cdot \text{m}^{-1})$	摩尔电导 $\lambda_m(\text{S} \cdot \text{m}^2 \cdot \text{mol}^{-1})$	离解度 α	$c_0\alpha^2/(1-\alpha)$ 或 $c_0\lambda_m^2/[\lambda_{m,\infty}(\lambda_{m,\infty}-\lambda_m)]$
Ⅰ	$c_0/2$				
Ⅱ	$c_0/4$				
Ⅲ	$c_0/8$				
Ⅳ	$c_0/16$				
Ⅴ	$c_0/32$				

实验时室温 $T(\text{K})=$

无限稀释时的摩尔电导 $\lambda_{m,\infty}(\text{S} \cdot \text{m}^2 \cdot \text{mol}^{-1})=$

$K_a=$

附录　测定醋酸解离度和解离常数的另外两个方法

方法一　pH 法测定 HAc 的 α 和 K_a

（一）原理

在一定温度下,用 pH 计(又称为酸度计)测定一系列已知溶液的 HAc 溶液的 pH,按 $\text{pH}=-\lg[c(\text{H}^+)/c^\circ]c(\text{H}^+)/c^\circ$。根据 $c^{eq}(\text{H}^+)=c_0\alpha$,即可求得一系列对应的 HAc 的解离度 α 和 $c_0\alpha^2/(1-\alpha)$ 值。这一系列 $c_0\alpha^2/(1-\alpha)$ 值应近似为一常数,取其平均值,即为该温度时 HAc 的解离常数 K_a。

（二）方法

① 醋酸溶液浓度的标定(同电导率法的标定)。

② 系列醋酸溶液的配制和 pH 的测定。

将上述已标定的 HAc 溶液盛装到玻璃塞式滴定管中,并从滴定管中分别放出 48.00 mL、24.00 mL、12.00 mL、6.00 mL、3.00 mL 该 HAc 溶液于 5 只干燥的烧杯(为什么需要干燥的?)中。注意:接近所要求的放出体积时,应逐滴滴放,以确保准确度和避免过量。借另一支盛有去离子水的滴定管,往后面 4 只烧杯中分别加入 24.00 mL、36.00 mL、42.00 mL、45.00 mL 去离子水,使各烧杯中的溶液总体积均为 48.00 mL,混合均匀。

按上述所配制的系列醋酸溶液由稀到浓的顺序,并按精密仪器四中的 pH 计中的操作步骤分别测定各 HAc 溶液的 pH。记录实验时的室温,算出不同起始浓度 HAc 溶液的 α 值及 $c_0\alpha^2/(1-\alpha)$ 值。取所得 $c_0\alpha^2/(1-\alpha)$ 的平均值,即为 HAc 的解离常数 K_a 的实验值。

③ 数据记录和处理。

(a) 醋酸溶液浓度的标定(同表 7.2)。

（b）醋酸溶液的 pH、醋酸的解离度和解离常数的测定，如表 7.4 所示。

表 7.4

实验编号	不同浓度 HAc 溶液的配制		HAc 溶液起始浓度 $c_0(HAc)(mol \cdot dm^{-3})$	pH	$c(H^+)(mol \cdot dm^{-3})$	α	$c_0\alpha^2/(1-\alpha)$
	$V(HAc)(cm^3)$	$V(H_2O)(cm^3)$					
Ⅰ	48.00	0.00					
Ⅱ	24.00	24.00					
Ⅲ	12.00	36.00					
Ⅳ	6.00	42.00					
Ⅴ	3.00	45.00					

实验室温 $T=$　　（K）　　　　　　　醋酸的解离常数 $K_a=$

方法二　缓冲溶液法测定 HAc 的 α 和 K_a

（一）原理

根据缓冲溶液的计算公式

$$pH = pK_a - \lg[c^{eq}(HAc)/c^{eq}(Ac^-)] \tag{7.7}$$

若 $c^{eq}(HAc) = c^{eq}(Ac^-)$，则上式简化为 $pH=pK_a$。由于

$$pK_a = -\lg K_a \tag{7.8}$$

因而如果将 HAc 溶液分为体积相等的两部分，其中一部分溶液用 NaOH 溶液滴定至终点（此时 HAc 即几乎完全转化为 Ac^-），再与另一部分溶液混合，并测定该混合溶液（即缓冲溶液）的 pH，即可得到 HAc 的解离常数。测定时无须知道 HAc 和 NaOH 溶液的浓度。

（二）方法

① 等浓度的醋酸和醋酸钠缓冲溶液的配制。

用称液管量取 25.00 mL 0.1 mol/L HAc 溶液置于锥形瓶中，加入 2 滴酚酞溶液，用 0.1 mol/L NaOH 溶液滴定至终点。另用移液管量取 25.00 mL 0.1 mol/L HAc 溶液与上述滴定后的溶液混合，摇荡锥形瓶，使之混合均匀。

② 醋酸和醋酸钠缓冲溶液 pH 的测定。

取适量上述相互混合的 HAc-NaAc 溶液置于烧杯中，按 pH 计的操作步骤测定其 pH。记录实验时室温，计算 HAc 的解离常数 K_a。

重复进行一次，求得两次数据的平均值。

③ 数据记录和处理。

实验时室温 $T(K)$：

HAc-NaAc 混合溶液的 pH：

HAc-NaAc 混合溶液的 $c(H^+)(mol \cdot dm^{-3})$：

HAc 的解离常数 K_a：

平均值：

实验八　氧化与还原

一、实验目的

① 了解原电池的装置以及浓度对电势的影响。

② 熟悉常用氧化剂和还原剂的反应。

③ 了解浓度、酸度对氧化还原反应的影响。

二、实验用品

仪器：

伏特计、素烧瓷筒、电极架。

试剂：

H_2SO_4（1 mol/L）、HNO_3（2 mol/L，浓）、NaOH（6 mol/L）、$NH_3 \cdot H_2O$（浓）、$CuSO_4$（1 mol/L）、$ZnSO_4$（1 mol/L）、KBr（0.1 mol/L）、$KMnO_4$（0.01 mol/L）、$FeCl_3$（0.1 mol/L）、Na_2SO_3（0.1 mol/L）、KI（0.1 mol/L）、$FeSO_4$（0.1 mol/L）、KIO_3（0.1 mol/L）、KSCN（0.1 mol/L）、H_2O_2（w 为 0.03）、氯水、溴水、硫代乙酰胺（w 为 0.05）、CCl_4、酚酞试纸、锌粒、铜棒、锌棒。

三、实验内容

（一）原电池电动势的测定

在 50 mL 小烧杯中加入 15 mL 1 mol/L $CuSO_4$ 溶液，在素烧瓷筒中加入 6 mL 1 mol/L $ZnSO_4$ 溶液，并将其放入盛有 $CuSO_4$ 溶液的小烧杯中。然后，通过电极架在 $CuSO_4$ 溶液中插入 Cu 棒，在 $ZnSO_4$ 溶液中插入 Zn 棒，两极各连一导线，Cu 极导线与伏特计的正极相接，Zn 极导线与伏特计的负极相接。测量其电动势。

在小烧杯中滴加浓氨水，不断搅拌，直至生成的沉淀完全溶解变成深蓝色 $[Cu(NH_3)_4]^{2+}$ 为止。测量其电动势。

再在素烧瓷筒中滴加浓氨水，使沉淀完全溶解变成 $[Zn(NH_3)_4]^{2+}$，再测量其电动势。

比较以上 3 次测量的结果，说明浓度对电极电势的影响。

（二）比较电极电势的高低

① 在一支试管中加入 1 mL 0.1 mol/L KI 溶液和 5 滴 0.1 mol/L $FeCl_3$ 溶

液,振荡后有何现象?再加入 0.5 mL CCl$_4$ 充分振荡,CCl$_4$ 层呈何色?反应的产物是什么?

② 用 0.1 mol/L KBr 溶液代替 0.1 mol/L KI 溶液进行相同的实验,能否发生反应?为什么?

③ 在一支试管中加入 1 mL 0.1 mol/L FeSO$_4$ 溶液,滴加 0.1 mol/L KSCN 溶液,溶液颜色有无变化?

在另一支试管中加入 1 mL 0.1 mol/L FeSO$_4$ 溶液,加数滴溴水,振荡后再滴加 0.1 mol/L KSCN 溶液,溶液呈何色?与上一支试管对照,说明试管中发生何反应?

根据以上实验,比较 Br$_2$-Br$^-$、I$_2$-I$^-$ 和 Fe^{3+}-Fe^{2+} 3 电对的电极电势的高低。何者为最强氧化剂?何者为最强还原剂?

(三)常见氧化剂和还原剂的反应

1. H$_2$O$_2$ 的氧化性

在小试管中加入 0.5 mL 0.1 mol/L KI 溶液,再加 2～3 滴 1 mol/L H$_2$SO$_4$ 酸化,然后逐滴加入 w 为 0.03 的 H$_2$O$_2$ 溶液,振荡试管并观察现象。写出反应式。

2. KMnO$_4$ 的氧化性

在小试管中加入 0.5 mL 0.01 mol/L KMnO$_4$ 溶液,再加入少量 1 mol/L H$_2$SO$_4$ 酸化,然后滴加 w 为 0.03 的 H$_2$O$_2$ 溶液,振荡试管并观察现象。写出反应式。

3. H$_2$S 的还原性

在小试管中加入 1 mL 0.1 mol/L FeCl$_3$ 溶液,滴加 10 滴 w 为 0.05 的硫代乙酰胺溶液,振荡试管并微热之①,有何现象?写出反应式。

4. KI 的还原性

在小试管中加入 0.5 mL 0.1 mol/L KI 溶液,逐滴加入氯水,边加边振荡试管,注意溶液颜色的变化。继续滴入氯水,溶液的颜色又有何变化?写出反应式。

---

① 硫代乙酰胺在酸性溶液中受热,发生如下反应:

$$\underset{\text{S}}{\text{CH}_3\text{C}}-\text{NH}_2 + \text{H}^+ + 2\text{H}_2\text{O} \overset{\triangle}{=\!=\!=} \underset{\text{O}}{\text{CH}_3\text{C}}-\text{OH} + \text{NH}_4^+ + \text{H}_2\text{S}$$

（四）影响氧化还原反应的因素

1. 浓度对氧化还原反应的影响

在两支各盛有一锌粒的试管中，分别加入 1 mL 浓 HNO_3 和 2 mol/L HNO_3 溶液，观察所发生的现象。不同浓度的 HNO_3 与 Zn 作用的反应产物和反应速率有何不同？稀 HNO_3 的还原产物可用检验溶液中是否有 NH_4^+ 的办法来确定。

2. 介质对氧化还原反应的影响

（1）介质对氧化还原反应方向的影响

在一支盛有 1 mL 0.1 mol/L KI 溶液的试管中，加入数滴 1 mol/L H_2SO_4 酸化，然后逐滴加入 0.1 mol/L KIO_3 溶液，振荡并观察现象。写出反应式。然后在该试管中再逐滴加入 6 mol/L NaOH 溶液，振荡后又有何现象产生？写出反应式。

（2）介质对氧化还原反应产物的影响

在 3 支各盛有 5 滴 0.01 mol/L $KMnO_4$ 溶液的试管中，分别加入 1 mol/L H_2SO_4 溶液、蒸馏水和 6 mol/L NaOH 溶液各 0.5 mL，混合后再逐滴加入 0.1 mol/L Na_2SO_3 溶液。观察溶液的颜色变化。写出反应式。

四、思考题

① 在实验（一）中，如果导线与电极或伏特计间的接触不良，将对电动势测量产生何影响？为什么？

② 在实验（二）中，CCl_4 在反应体系中起何作用？

③ H_2O_2 为什么既可作氧化剂又可作还原剂？写出有关电极反应，说明 H_2O_2 在什么情况下可作氧化剂，在什么情况下可作还原剂。

④ 金属铁与 HCl 和 HNO_3 作用得到的主要产物是什么？

实验九　沉淀与配位化合物

一、实验目的

① 了解沉淀的生成和溶解。

② 了解沉淀平衡及溶度积原理的应用。

③ 了解配合物的生成及配离子和简单离子的区别。

二、实验用品

仪器：

试管、烧杯、滴管、离心管、离心机。

药品：

$CaCO_3$、$Pb(NO_3)_2$(0.1 mol/L、0.001 mol/L)、KI(0.1 mol/L、0.001 mol/L)、$CuSO_4$(1 mol/L、0.25 mol/L)、Na_2S(0.1 mol/L)、$AgNO_3$(0.1 mol/L)、$BaCl_2$(0.1 mol/L)、NaCl(0.5 mol/L)、$Ca(NO_3)_2$(0.25 mol/L)、$(NH_4)_2C_2O_4$(饱和，0.1 mol/L)、$FeCl_3$(0.1 mol/L)、NaOH(1 mol/L、0.1 mol/L)、HAc(浓)、HCl(浓，6 mol/L)、HNO_3(浓，6 mol/L)、H_2SO_4(6 mol/L)、$NH_3 \cdot H_2O$(6 mol/L、2 mol/L)、无水酒精、$HgCl_2$(0.1 mol/L)、$NiSO_4$(0.2 mol/L)、KSCN(0.1 mol/L)、$K_3[Fe(CN)_6]$(0.1 mol/L)。

三、实验内容

(一) 沉淀的生成

① 在试管中加 1 mL 0.1 mol/L $Pb(NO_3)_2$ 溶液，再加入 1 mL 0.1 mol/L KI 溶液，观察有无沉淀生成。试用溶度积规则解释。

② 用 0.001 mol/L $Pb(NO_3)_2$ 溶液和 0.001 mol/L KI 溶液进行实验，观察现象。试用溶度积规则解释。

(二) 沉淀的溶解

① 取少许 $CaCO_3$ 固体于试管中，加入少量水，摇动，然后逐滴加入 6 mol/L HCl 溶液，观察现象。写出有关的离子反应式。

② 在两支试管中，各滴入 5 滴 0.25 mol/L $Ca(NO_3)_2$ 溶液和数滴 0.1 mol/L $(NH_4)_2C_2O_4$，当两试管中有白色沉淀出现时，在一支试管中加入 6 mol/L HCl 溶

液,另一支试管中加入浓 HAc,有何现象发生?

③ 取 0.1 mol/L FeCl₃ 溶液 5 滴于试管中,加入 1 mol/L NaOH 溶液数滴,当有红棕色沉淀生成时,加入 6 mol/L HCl 数滴,出现什么现象? 写出离子反应式。

④ 取 2 滴 0.25 mol/L CuSO₄ 溶液于离心管中,加入几滴 0.1 mol/L Na₂S 溶液,生成的沉淀离心分离,于沉淀中逐滴加入浓 HNO₃,水浴加热,观察沉淀的溶解。写出有关反应方程式。

(三)沉淀的溶解与转化

① 取 0.1 mol/L BaCl₂ 溶液 5 滴,加饱和(NH₄)₂C₂O₄ 溶液 3 滴,此时有白色沉淀生成。在沉淀中加 6 mol/L HCl 溶液,有何现象产生? 写出反应式。

② 取 5 滴 0.1 mol/L Pb(NO₃)₂ 溶液于试管中,加入 0.5 mol/L NaCl 溶液 5 滴,有白色沉淀生成。在沉淀中滴加 0.1 mol/L Na₂S,有何现象? 为什么?

③ 取 5 滴 0.1 mol/L AgNO₃ 溶液于离心管中,加入 3 滴 0.1 mol/L Na₂S 溶液,有何现象? 离心分离,弃去溶液。在沉淀上加入几滴 6 mol/L HNO₃ 溶液,于水浴上加热(70~80 ℃),有何变化?

(四)配离子的生成和配合物的组成

① 在试管中加入 1 mL 0.25 mol/L CuSO₄ 溶液,逐滴加入 2 mol/L NH₃·H₂O,生成浅蓝色沉淀;再继续滴加过量氨水至沉淀溶解为深蓝色溶液。写出反应式。取出 1 mL 溶液加入另一试管,往其中加入 1 mL 无水酒精,又有什么现象?解释现象。

② 取 3~4 滴 0.1 mol/L HgCl₂(**剧毒! 使用时注意安全,实验后废液不要倒入下水道**)于试管中,逐滴加入 0.1 mol/L KI 溶液至生成橘红色沉淀,继续滴加KI 溶液至沉淀溶解,写出反应式。

③ 在两支试管中各加入 1 mL 0.2 mol/L NiSO₄ 溶液,然后在这两支试管中分别加入少量 0.1 mol/L BaCl₂ 溶液和 0.1 mol/L NaOH 溶液,观察现象,写出反应式。

在另一试管中加入 2 mL 0.2 mol/L NiSO₄ 溶液,再逐滴滴入 6 mol/L NH₃·H₂O,边加边振荡,待生成的沉淀完全溶解后,再适当多加 NH₃·H₂O。把这溶液分成两份,分别加入 0.1 mol/L BaCl₂ 和 0.1 mol/L NaOH,观察现象,写出有关反应式。

(五)简单离子和配离子的区别

在试管中滴入 10 滴 0.1 mol/L FeCl₃ 溶液,然后加入少量 0.1 mol/L KSCN溶液,观察现象,写出反应式。

以 0.1 mol/L K₃[Fe(CN)₆]溶液代替 FeCl₃ 做同样的试验,观察现象,解释原因。

四、思考题

① 沉淀的转化应注意哪些操作？

② 在生成 PbI_2 沉淀时能否加入过量浓的 KI 溶液？

③ 试用平衡移动的原理，预测下列哪些沉淀可溶于强酸？

$$CaC_2O_4, CaCO_3, BaSO_4, BaSO_3, AgCl$$

④ 衣服上沾有铁锈时，常用草酸去洗，试说明原因。

⑤ Cu^{2+}、Ag^+、Zn^{2+}、Cd^{2+}、Hg^{2+} 等离子中加入过量 $NH_3 \cdot H_2O$ 后会发生什么反应？写出反应式。

实验十　常见阴阳离子的鉴定

一、实验目的

学习和掌握个别阳离子和阴离子的定性鉴定方法。

二、实验用品

仪器：

烧杯、试管、离心管、点滴板、电动离心机等。

药品：

（一）阳离子试液（含阳离子 10 mg/mL，表 10.1）

表 10.1　阳离子试液

阳离子	试　剂	(g/L)*	溶剂（附配法）
K^+	KNO_3	26.0	水
NH_4^+	NH_4NO_3	44.4	水
Ca^{2+}	$Ca(NO_3)_2 \cdot 4H_2O$	59.0	水
Cr^{3+}	$Cr(NO_3)_3 \cdot 9H_2O$	77.0	水
Fe^{3+}	$Fe(NO_3)_3 \cdot 9H_2O$	71.5	水（如出现浑浊，加几滴 6 mol/L HNO_3）
Fe^{2+}	$FeCl_2 \cdot 4H_2O$	35.6	溶于适量的 0.6 mol/L HCl，稀释至 1 L
Co^{2+}	$Co(NO_3)_2 \cdot 6H_2O$	50.0	水
Ni^{2+}	$Ni(NO_3)_2 \cdot 6H_2O$	50.0	水
Cu^{2+}	$Cu(NO_3)_2 \cdot 3H_2O$	38.0	水
Ag^+	$AgNO_3$	15.7	水

*：配制试液时，按表中列出质量溶于水或酸中，再稀释至 1 L，即为阳离子试液。

（二）阴离子试液（含阴离子 10 mg/mL，表 10.2）

表 10.2　阴离子试液

阴离子	试　剂	(g/L)*	溶剂
SO_4^{2-}	$Na_2SO_4 \cdot 10H_2O$	33.5	水
S^{2-}	$Na_2S \cdot 9H_2O$	37.5	水
CO_3^{2-}	Na_2CO_3	17.5	水
Cl^-	$NaCl$	16.5	水

阴离子	试 剂	(g/L)*	溶剂
PO_4^{3-}	$Na_2HPO_4 \cdot 12H_2O$	37.6	水
I^-	KI	13.0	水
NO_3^-	$NaNO_3$	14.0	水

*：配制试液时，按表中列出质量溶于水中，再稀释至1 L，即为阴离子试液。

（三）试剂

$Na_3[Co(NO_2)_6]$(0.1 mol/L)、HAc(6 mol/L)、$(NH_4)_2C_2O_4$(0.25 mol/L)、6% H_2O_2、NaOH(6 mol/L、2 mol/L)、$NH_3 \cdot H_2O$(6 mol/L、2 mol/L)、NH_4SCN饱和溶液、$K_3[Fe(CN)_6]$(0.25 mol/L)、$K_4[Fe(CN)_6] \cdot 3H_2O$(0.25 mol/L)、丙酮、HCl(6 mol/L、3 mol/L)、HNO_3(6 mol/L、2 mol/L)、$BaCl_2$(0.5 mol/L)、3% $Na_2[Fe(CN)_5NO]$、饱和 $Ba(OH)_2$、0.34% 对氨基苯磺酸、0.12% α-萘胺、5% $(NH_4)_2MoO_4$、$AgNO_3$(1 mol/L)、H_2SO_4(2 mol/L)、CCl_4、氯水(饱和溶液)、锌粉。

三、实验内容

（一）个别阳离子的鉴定

1. K^+的鉴定

$Na_3[Co(NO_2)_6]$法：取 1 滴 K^+ 试液滴入试管中，加入 1 滴 0.1 mol/L $Na_3[Co(NO_2)_6]$，如有黄色沉淀生成，示有 K^+。

2. NH_4^+的鉴定

气室法：先将 5 滴被检液置于一表面皿的中心，再加 3 滴 6 mol/L NaOH 溶液，混匀；在另一块较小的表面皿中心黏附一小条用蒸馏水润湿的 pH 试纸，把它盖在大的表面皿上做气室。将此气室放在水浴上微热，如 pH 试纸颜色变碱色（pH 在 10 以上），示有 NH_4^+。

3. Ca^{2+}的鉴定

草酸铵法：取 1 滴 Ca^{2+} 试液滴入试管中，加 4~5 滴 0.25 mol/L $(NH_4)_2C_2O_4$，再加 2 mol/L 氨水呈碱性，在水浴上加热，生成白色沉淀，示有 Ca^{2+}。

4. Cr^{3+}的鉴定

生成 $PbCrO_4$ 法：取 2 滴 Cr^{3+} 试液滴入试管中，加 2 滴 6 mol/L NaOH 和数滴 6% H_2O_2 煮沸，使过量的 H_2O_2 分解，溶液变黄，可能有 Cr^{3+} 存在。取此溶液 2 滴，

用 6 mol/L HAc 酸化,加 2 滴 Pb^{2+} 试液,生成黄色沉淀,示有 Cr^{3+} 。

5. Fe^{3+} 的鉴定

NH_4SCN 法:取 1 滴 Fe^{3+} 试液滴在点滴板上,加 2 滴 NH_4SCN 饱和溶液,生成什么颜色的溶液? 写出反应式?

6. Fe^{2+} 的鉴定

$K_3[Fe(CN)_6]$ 法:取 1 滴新配制的 Fe^{2+} 试液滴在点滴板上,加 2 滴 0.25 mol/L $K_3[Fe(CN)_6]$,观察实验现象,并写出离子反应式。

7. Co^{2+} 的鉴定

NH_4SCN 法:取 1 滴 Co^{2+} 试液滴入试管中,加饱和 NH_4SCN 溶液,再加 3~5 滴丙酮,依含 Co^{2+} 量的多少,显蓝色或绿色,示有 Co^{2+} 。

8. Ni^{2+} 的鉴定

丁二酮肟法:取 1 滴 Ni^{2+} 试液滴入离心管中,加入 1 滴 2 mol/L 氨水,再加 1 滴 1% 丁二酮肟,生成鲜红色沉淀,示有 Ni^{2+} 。

9. Cu^{2+} 的鉴定

$K_4[Fe(CN)_6]$ 法:取 1 滴 Cu^{2+} 试液滴在点滴板上,加 1 滴 0.25 mol/L $K_4[Fe(CN)_6]$,生成红棕色沉淀,示有 Cu^{2+} 。

$$2Cu^{2+} + [Fe(CN)_6]^{4-} = Cu_2[Fe(CN)_6] \downarrow$$

10. Ag^+ 的鉴定

HCl 法:取 2 滴 Ag^+ 试液滴入离心管中,加 1 滴 3 mol/L HCl,生成白色凝乳状沉淀,离心分离。在沉淀上加 2 滴 2 mol/L $NH_3 \cdot H_2O$,使沉淀溶解。再加 2 滴 2 mol/L HNO_3 又生成白色沉淀,示有 Ag^+ 。写出有关的化学反应式。

(二) 个别阴离子的鉴定

1. SO_4^{2-} 的鉴定

取 SO_4^{2-} 试液 1 滴于离心管中,用 6 mol/L HCl 酸化,然后加入 1 滴 0.5 mol/L $BaCl_2$ 溶液,搅拌,如有白色晶形 $BaSO_4$ 沉淀生成,示有 SO_4^{2-} 。

2. S^{2-} 的鉴定

在点滴板上放 1 滴碱性试液和 1 滴 3% 的亚硝酰铁氰化钠试剂,溶液出现紫色,示有 S^{2-} 离子。

3. CO_3^{2-} 的鉴定

在验气装置中,放试液 5～6 滴,滴加 6 mol/L HCl 5～6 滴,验气装置的小玻璃管中有少许饱和 $Ba(OH)_2$ 溶液,盖紧瓶塞,玻璃管中溶液变浑,示有 CO_3^{2-}。当 SO_3^{2-} 或 $S_2O_3^{2-}$ 存在时,事先在试管中加 6% H_2O_2 两滴,加热使氧化,然后按上述步骤鉴定 CO_3^{2-}。

但需注意,$Ba(OH)_2$ 极易吸收空气中的 CO_2 而变浑浊,故须用澄清的溶液,迅速操作。初学者可作空白试验加以对照。

4. PO_4^{3-} 的鉴定

取 PO_4^{3-} 试液 3 滴于离心管中,然后加入 6 mol/L HNO_3 2～3 滴及 $(NH_4)_2MoO_4$ 试剂 8 滴,加热到 60～70 ℃并搅拌,生成黄色晶形沉淀,示有 PO_4^{3-}。

5. Cl^- 的鉴定

取 Cl^- 试液 2 滴滴入离心管中,以 6 mol/L HNO_3 酸化,然后加入 1～3 滴 1 mol/L $AgNO_3$ 析出白色沉淀。在水浴中加热,促使沉淀凝聚。离心分离,弃去清液。在沉淀上滴加 6 mol/L 氨水,沉淀立即溶解,但再加 HNO_3 酸化时,若又有白色沉淀生成,示有 Cl^-。

6. I^- 的鉴定

取 I^- 试液 1～2 滴,以 2 mol/L H_2SO_4 酸化,加 3～4 滴 CCl_4,然后加氯水,边加边摇,观察 CCl_4 层颜色,如出现紫色,示有 I^-。

7. NO_3^- 的鉴定

取 NO_3^- 试液 3 滴,用 6 mol/L HAc 酸化后并加少许锌粉,用玻璃棒搅拌使溶液中的 NO_3^- 还原为 NO_2^-,加入对氨基苯磺酸溶液和 α-萘胺溶液各 1 滴,生成红色化合物,示有 NO_3^-。

四、思考题

① 如何分离下列混合离子?
a. K^+ 和 Ca^{2+};
b. Mg^{2+} 和 Al^{3+}。
② 实验室配制 $FeSO_4$ 溶液时,常加些 H_2SO_4 及铁钉,试说明其原因。
③ 某试液中已知存在有 SO_4^{2-},Cl^-,NO_3^-,问下列阳离子中哪些不可能存在?

$$NH_4^+, \quad Ba^{2+}, \quad Pb^{2+}, \quad Cr^{3+}, \quad Mg^{2+}, \quad Ag^+, \quad Fe^{2+}, \quad Fe^{3+}$$

实验十一　分析天平的称量练习

一、实验目的

① 了解天平的构造原理,学会使用方法。
② 学会称量方法——直接称量法、指定重量称量法及减量法。

二、实验原理

分析天平是根据杠杆原理设计而成的。

设杠杆 ABC(图 11.1),B 为支点,A 为重点,C 为力点。在 A 及 C 上分别载重 Q 及 P,Q 为被称物的重量,P 为砝码的总重量。当达到平衡时,即 ABC 杠杆呈水平状态,则根据杠杆原理 $Q \times AB = P \times BC$,若 B 为 ABC 的中点,则 $AB = BC$,所以 $Q = P$,这就是等臂天平的原理,像国产 TG528B 型阻尼天平、TG629 型阻尼天平、TB 型半自动电光天平、TG328A 型全自动天平均属此等臂天平。

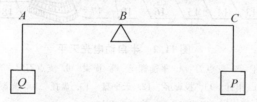

图 11.1　天平原理图

若 B 点不是中点,Q 为固定的重量锤,P 为砝码的总重量,但 $Q \times AB = P \times BC$,当称物体重量时,减去 P 的砝码,仍使 $Q \times AB =$(物重$+P-$砝码)$\times BC$,这就是不等臂天平的原理,如国产 TG729B 型单盘减码式全自动电光天平。

TG328B 型半自动电光天平的结构图见图 11.2,它比阻尼天平增加了两个装置,一个是光学读数装置,另一个是机械加码装置。光电装置中的投影屏中可直接读出 10 mg 以下的重量;机械加码装置中,砝码由指数盘操纵,自动加取。大小砝码全部由指数盘操纵的称为全自动电光天平(如 TG328A),1 g 以下的砝码由指数盘操纵的称为半自动电光天平(TG328B)。

电光天平的最大称量为 $20 \sim 200$ g,称至 0.1 mg 的为万分之一天平,称至 0.01 mg 的为十万分之一天平,称至 0.001 mg 的为百万分之一天平。

天平的灵敏度是指在天平的一个托盘上增加 1.0 mg 时,所引起的指针偏斜的程度。指针偏斜程度愈大,则该天平的灵敏度愈高。

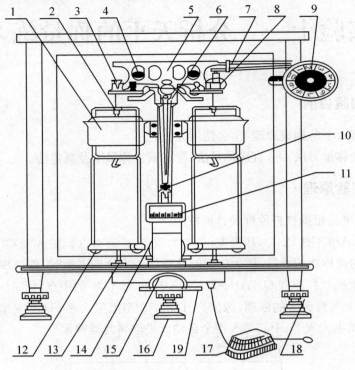

图 11.2 半自动电光天平

1. 阻尼盒 2. 吊耳 3. 支点刀 4. 平衡螺丝 5. 横梁 6. 支点刀口 7. 环码钩 8. 支柱
9. 机械加码器 10. 指针 11. 投影屏 12. 天平盘 13. 盘托 14. 光源 15. 旋钮(升降枢)
16. 垫脚 17. 变压器 18. 螺旋脚 19. 微动调节杆

设等臂天平(图 11.3)的臂长为 l,d 为重心 G 或 G' 到支点 O 的距离,W 为梁重,P 为称盘重,m 为增加的小重量。当天平两边都是空盘时,指针位于 OD 处,而当右边称盘增加重量 m 时,指针偏斜至 OD' 处,横梁由 OA 偏斜至 OA',其偏斜角为 α,则根据原理,支点右边的力矩等于支点左边的力矩之和,即

$$(P+m) \cdot OB = P \cdot OB + W \cdot CG'$$

$$m \cdot OB = W \cdot CG'$$

$$OB = A'O \cdot \cos \alpha = l \cdot \cos \alpha$$

$$CG' = OG' \sin \alpha = d \cdot \sin \alpha$$

$$m \cdot l \cdot \cos \alpha = W \cdot d \cdot \sin \alpha$$

$$\frac{\sin \alpha}{\cos \alpha} = \tan \alpha = \frac{ml}{Wd}$$

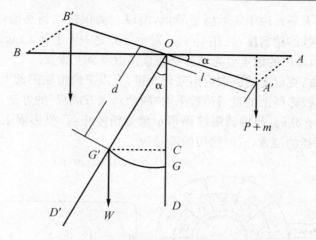

图 11.3　天平灵敏度原理图

由于 α 一般很小,所以可认为

$$\tan\alpha = \alpha$$

因为 $\alpha = \dfrac{ml}{Wd}$,所以当 $m = 1$ mg 时

$$\alpha = \frac{l}{Wd} \tag{11.1}$$

式(11.1)即是灵敏度的简易公式。由公式(11.1)可知,天平的灵敏度与以下因素有关。

天平的臂愈长,灵敏度愈高;天平的梁愈重,灵敏度愈低;支点与重心间的距离愈短,灵敏度愈高。但是天平的灵敏度并非仅与这 3 个因素有关,还与天平梁载重时的变形、支点和载重点的玛瑙刀的接触点(即玛瑙刀的刀口尖锐性及平整性)有关。所以,天平梁制成三角状,中间挖空,三角状顶上设一垂直的灵敏度调节螺丝,水平方向设置两个零点调节螺丝,支点玛瑙刀口略低于载重玛瑙刀口的翘梁式,且天平梁的材质采用铝合金或钛合金等轻金属制成。

三角状翘梁是为了减少变形影响,挖空及轻金属材质是为了减轻梁重,灵敏度调节螺丝是为了利用螺母本身质量的高低位置来调节 d 的长度,水平零点调节螺丝是利用螺母质量调节螺母离支点的距离来调整力矩的大小改变零点位置。

天平的灵敏度一般以标牌的格数来衡量,即灵敏度=格/mg,但实际上经常用"感量"来表示:

感量=1/灵敏度=mg/格

电光天平的感量一般调成 1 mg/格、0.1 mg/格、0.01 mg/格,将标牌制成透明膜,装在指针上,然后通过光学放大 10 倍使天平的表观"感量"成 1 mg/格、0.1 mg/格、0.01 mg/格、0.001 mg/格。因此,又称万分之一天平、十万分之一天平、百万分之一天平。由于实际感量较低,所以它能很快达到平衡,既达到快速称重,又能提高读数的精密度,且在 10 mg(对十万分之一天平是 1 mg,对百万分之一天平是 0.1 mg)以内的称重可无须加砝码直接由屏幕上读数。

天平的读数:克以上的读取可由砝码而得,克以下的由加码器上的数加上投影屏上的数字,而投影屏上的最后位数采取"四舍六入五成双"的办法。例如,现在天平右盘放有 20 g 砝码,而旋转圈砝码指示盘旋钮停止后,投影屏上的零点指示线在如图 11.4 所指的位置,这时物质的质量为

$$20+0.230+0.001\ 6=20.231\ 6(g)$$

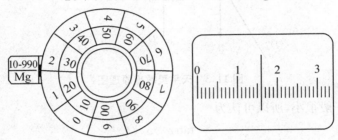

图 11.4 天平读数

电光天平的称量方法有 3 种。

1. 直接称量法

将所称的物质如坩埚、小烧杯、小表面皿等直接置于电光天平的左边或(右边)称量盘上,加砝码或转动指数盘到投影屏平衡,则所加砝码即是所称物质的质量。

2. 指定重量称量法

当称取不吸水、在空气中性质稳定的试样,如金属试样、矿石试样等时,可采用此法。即先称容器重量(如烧杯表面皿、铝铲、硫酸纸等),然后将砝码或指数盘加到指定重量,用牛角匙轻轻震动使试样慢慢倒入容器,使平衡点与称容器时一致。

3. 减量法

当样品易吸水、易氧化或易与二氧化碳反应时,则采用此法。先将样品置于称量瓶中,称出试样加称量瓶的总质量 W_1,然后将样品倾倒一部分,再称剩余试样加称量瓶的质量为 W_2,则第一份试样质量为 (W_1-W_2) 克,以此类推,称出第二份、第三份试样……

若是易吸水、易氧化或易与二氧化碳反应的液体样品,如浓硫酸、氢氧化钠等,可将试样装入小滴瓶中代替称量瓶并按上述步骤进行。称量取药品时按图 11.5 所示步骤进行:从干燥器中取出装有药品的称量瓶,用小纸片夹住称量瓶,在接收器的上方打开瓶盖,倾斜瓶身,用瓶盖轻敲瓶口上部使试样慢慢落入容器中。当倾

出的样品接近所需量时,一边继续轻敲瓶口,一边逐渐将瓶身竖直,使沾在瓶口的试样进入接收器,然后盖上瓶盖,放回托盘上,准确称取其质量,两次质量之差即为所称样品的质量。

称量瓶拿法　　　　　　　　　　　从称量瓶中敲出试样

图 11.5　称量

电光天平是一种精密而贵重的仪器,为了保持仪器的精密度使称量能获得准确的结果,使用时应遵守下列规则:

① 电光天平应放在室温均匀的牢固台面上,避免震动、潮湿、阳光照射及腐蚀性物质。

② 使用前必须检查天平是否处于水平状态。

③ 在天平称量盘上放置或取下被称物,加减砝码及轻轻转动指数盘时,必须先把天平梁托住,轻放轻取缓慢转动。下降或升起天平梁时,应小心缓慢,否则均容易使玛瑙刀口损坏。

④ 未知样品质量时,加减砝码或转动指数盘后,用半开状态观察是否接近平衡点,可以从投影屏上指示线移动方向和速度衡量。若向-1方向移动,表示砝码重了,减砝码;若向+1方向移动,表示砝码轻了,需加砝码。移动速度愈快,表示离平衡愈远,加减砝码量要大;移动速度愈慢,加减砝码量愈小。切勿在全开状态观察,否则易使刀口损坏,且容易发生吊耳脱落。

⑤ 物体的温度应与室温一致,否则会使称量结果不准确。这是因为称量盘附近空气受热膨胀而发生对流及天平臂长的热膨胀引起误差而造成的。

⑥ 腐蚀性物质、易挥发、易吸水、易与二氧化碳作用或易氧化的物质称重时,必须放在密闭容器内进行称重。

⑦ 同一分析工作中称量应使用同一台天平与砝码,可减少称量误差。

⑧ 称量时,要关紧天平门,防止空气流动所造成的误差。

⑨ 天平箱要保持干燥,并放有变色硅胶,若变成粉红色应干燥处理后再放入。

⑩ 称量完毕,应关上升降架,取出被称量物体和砝码,指数盘复零,并用毛刷打扫干净,关上天平门,罩上布罩,关上电源后,再离开天平室。

三、实验内容

① 零点的调节。

缓慢地顺时针转动起落架旋钮至完全打开,待平衡时,观察投影屏上零点是否对准刻度指示线,若有相差,可用微动调节杆调至刻度线为止。若用微动调节杆无法调整,则请教师用零点调节螺丝(平衡螺丝)调整。

零点调整后,连续开关 3 次,记录零点变动数据。

② 用直接称重法称出标号物质,并记录质量(称量至 0.000 1 g)。

③ 用减量法称取 2 份 0.2~0.3 g 的基准碳酸钠(称量至 0.000 1 g),分别置于两小烧杯中,记录数据,算出试样质量。

④ 数据记录(表 11.1)。

表 11.1 实验结果记录

称量次序号	Ⅰ	Ⅱ
称量瓶＋样品质量(倾出样前)(g)	$W_1=$	$W_2=$
称量瓶＋样品质量(倾出样后)(g)	$W_2=$	$W_3=$
倾出样质量(g)	$W_1-W_2=$	$W_2-W_3=$

称完后,按使用规则自行检查,经教师复查后,方可离开实验室。

四、思考题

① 分析天平的灵敏度越高,是不是称量的准确度越高?

② 使用天平时,为什么要强调轻开轻关天平旋钮?为什么必须先关旋钮,方可取放称量物体、加减砝码?否则会引起什么后果?

③ 什么情况下用直接称量法称量?什么情况下用指定重量称量法称量?什么情况下用减量法称量?

④ 为什么称量时,通常只允许打开天平左右边门,不得开前门?读数时如果没有把前门关闭,会引起什么后果?

实验十二　硫酸亚铁铵的制备

一、实验目的

① 了解复盐的一般特征和制备方法。

② 练习水浴加热、蒸发浓缩、结晶、减压过滤等基本操作。

二、实验原理

硫酸亚铁铵又称摩尔盐,是浅绿色透明晶体,易溶于水但不溶于乙醇。它在空气中比一般的亚铁铵盐稳定,不易被氧化。在定量分析中常用来配制亚铁离子的标准溶液。

在 $0 \sim 60\ ℃$ 的温度范围内,硫酸亚铁在水中的溶解度比组成它的每一组分的溶解度都小,因此很容易从浓的 $FeSO_4$ 和 $(NH_4)_2SO_4$ 的混合溶液中结晶制得摩尔盐。

通常先用铁屑与稀硫酸反应生成硫酸亚铁,反应方程式为

$$Fe + H_2SO_4 \Longrightarrow FeSO_4 + H_2 \uparrow$$

然后加入等物质的量的 $(NH_4)_2SO_4$ 溶液,充分混合后,加热浓缩,冷却结晶,便可析出硫酸亚铁铵复盐,反应方程式为

$$FeSO_4 + (NH_4)_2SO_4 + 6H_2O \Longrightarrow (NH_4)_2Fe(SO_4)_2 \cdot 6H_2O$$

三、实验用品

仪器:

电子台秤、循环水泵、抽滤瓶、布氏漏斗、蒸发皿、水浴锅、表面皿、滤纸。

药品:

铁屑、$(NH_4)_2SO_4(s)$、$10\%\ Na_2CO_3$(质量分数)、H_2SO_4(3 mol/L)、乙醇。

四、实验内容

1. 铁屑的净化(去油污)

称取 4.2 g 铁屑放在锥形瓶中,加入 20 mL 质量分数为 10% 的 Na_2CO_3 溶液,小火加热并适当搅拌 5～10 min,以除去铁屑上的油污。用倾析法将碱液倒出,用纯水把铁屑反复冲洗干净。

2. 硫酸亚铁的制备

将 25 mL 3 mol/L H_2SO_4 倒入盛有铁屑的锥形瓶中，水浴上加热(在通风橱中进行)，经常取出锥形瓶摇荡，并适当补充水分，直至反应完全为止(不再有氢气气泡冒出)。再加入几滴 3 mol/L H_2SO_4。趁热减压过滤，滤液转移到蒸发皿内(若滤液稍有浑浊，可滴入硫酸酸化)。过滤后的残渣用滤纸吸干后称重，算出已反应铁屑的质量，并根据反应方程式算出 $FeSO_4$ 的理论量。

3. 硫酸亚铁铵的制备

称取 9.5 g 硫酸铵固体，加入到盛有硫酸亚铁溶液的蒸发皿中。水浴加热，搅拌至硫酸铵完全溶解。继续蒸发浓缩至表面出现晶膜为止。静置冷却结晶，抽滤。用小量乙醇洗涤晶体两次。取出晶体放在表面皿上晾干，观察产品的颜色和晶形。称重，计算产率。

五、思考题

① 硫酸亚铁铵的理论产量如何计算？
② 在硫酸亚铁铵的制备过程中为什么要控制溶液 pH 为 1～2？
③ 减压过滤有何特点？什么情况下应采用减压过滤？抽滤时，应注意哪些事项？步骤有哪些？

六、注意事项

① 配制 3 mol/L H_2SO_4 溶液时，应将浓硫酸沿玻璃棒慢慢倒入已加有适量去离子水的烧杯中，边倒边搅拌，切不可将去离子水倒入浓硫酸中。
② 铁屑用 Na_2CO_3 溶液洗涤后，必须用水冲洗至中性。否则，残留碱要耗去即将加入的部分硫酸，致使反应过程中溶液酸度不够。
③ 为节省加热时间，可向铁屑与硫酸作用时所用的水浴中加入由实验预备室供给的开水，并继续加热。
④ 用热水洗涤锥形瓶及铁残渣附着的硫酸亚铁溶液时，用水量应尽可能少。用水太多，最后的溶液蒸发时间就过长。
⑤ 若嫌水浴蒸发需时过多，也可将蒸发皿放在石棉网上直接加热，但在溶液沸腾后必须用小火加热，并要小心搅拌，以防溅出。待刚出现晶体膜，即可停止加热。
⑥ 蒸发过程中，有时溶液会由浅蓝绿色逐渐变为黄色(这是由于溶液的酸度不够，Fe^{2+} 离子被氧化成 Fe^{3+} 及 Fe^{3+} 进一步水解所致)。这时要向溶液中加入几滴浓硫酸提高酸度，同时再加几只铁钉，使 Fe^{3+} 转变为 Fe^{2+}。
⑦ 蒸发浓缩后的溶液，必须让其充分冷却后，才能用布氏漏斗抽气过滤。若未充分冷却，在滤液中会有硫酸亚铁铵晶体析出，致使产量降低。

实验十三　　HCl、NaOH 标准溶液的配制与标定

一、实验目的

① 学会配制一定浓度的标准溶液的方法。
② 学会用滴定法测定酸碱溶液浓度的原理和操作方法。
③ 进一步练习滴定管、容量瓶、移液管的使用。
④ 学会用基准物标定标准溶液浓度的方法。
⑤ 熟悉甲基橙和酚酞指示剂的使用和终点的变化。初步掌握酸碱指示剂的选择方法。

二、实验原理

配制标准溶液的方法有两种。

(一) 直接法

准确称量一定的某些基准物质,用少量的水溶解,移入容量瓶中直接配成一定浓度的标准溶液。

(二) 标定法

像浓硫酸、浓盐酸之类不能直接配制成标准溶液的物质,可先配制成近似所需的浓度,然后用基准物质(或已经用基准物质标定的标准溶液)来标定它的浓度。氢氧化钠、盐酸的配制就用标定法。浓盐酸易挥发,固体 NaOH 容易吸收空气中的水分和 CO_2,因此不能直接配制准确浓度的 HCl 和 NaOH 标准溶液,只能先配制近似浓度的溶液,然后用基准物质标定其准确浓度。也可用另一已知准确浓度的标准溶液滴定该溶液,再根据它们的体积比求得该溶液的浓度。

酸碱指示剂都具有一定的变色范围。0.2 mol/L NaOH 溶液的滴定,其突跃范围为 pH 4～10,应当选用在此范围内变色的指示剂,例如甲基橙或酚酞等。NaOH 溶液和 HAc 溶液的滴定是强碱和弱酸的滴定,其突跃范围处于碱性范围,应选用在此区域内变色的指示剂。

标定酸和碱液所用的基准物有多种,本实验中各介绍一个常用的。

用酸性基准物邻苯二甲酸氢钾($KHC_8H_4O_4$)以酚酞为指示剂标定 NaOH 标准溶液的浓度。在邻苯二甲酸氢钾的结构中只有一个可电离的 H^+ 离子。标定时的反应为

$$KHC_8H_4O_4 + NaOH = KNaC_8H_4O_4 + H_2O$$

邻苯二甲酸氢钾作为基准物的优点为：① 易于获得纯品；② 易于干燥，不吸湿；③ 摩尔质量大，可相对减少称量误差。

用 Na_2CO_3 为基准物标定 HCl 标准溶液的浓度。由于 Na_2CO_3 易于吸收空气中的水分，因此采用市售的基准物试剂时应预先于 180 ℃使之充分干燥，并保存于干燥器中，标定时常以甲基橙为指示剂。

NaOH 标准溶液与 HCl 标准溶液的浓度，一般只需标定其中一种，另一种则通过 NaOH 溶液与 HCl 溶液滴定的体积比算出。标定 NaOH 溶液还是标定 HCl，要视采用何种标准溶液测定何种试样而定。原则上，应标定测定时所用的标准溶液，标定时的条件与测定时的条件（例如指示剂和被测组分等）应尽可能一致。

但必须注意，以指示剂变色来判断化学等当点到达时，必须选择指示剂的变色范围要落在滴定的突跃范围内，否则会造成误差增大，甚至会得到较大的误差。

pH 突跃范围的大小与浓度、电离常数（或水解常数）的大小有关。浓度越大，突跃越大；水解常数或电离常数愈大，突跃愈大，反之皆小。无水碳酸钠是一种水解盐，碱性相当于弱碱，所以用甲基橙作指示剂时，浓度不能太稀，否则误差太大。

三、实验试剂

浓盐酸、固体 NaOH、甲基橙指示剂、酚酞指示剂、甲基红指示剂、邻苯二甲酸氢钾（AR）、碳酸钠。

四、实验内容

（一）0.2 mol/L HCl 和 0.2 mol/L NaOH 溶液的配制

根据标定的物质只配其中一个。

通过计算求出配制 500 mL 0.2 mol/L HCl 的溶液所需浓盐酸的体积（浓度约为 12 mol/L），然后，用小量筒量取此量的浓盐酸，加入水中，并稀释成 500 mL，储存于玻璃塞细口瓶中，摇匀。

同样，通过计算求出配制 500 mL 0.2 mol/L NaOH 溶液所需的固体 NaOH 的量。在台秤上迅速称出（NaOH 应置于什么容器中？为什么？），置于烧杯中，立即用 1 000 mL 水溶解，配制成溶液，贮于具橡皮塞的细口瓶中，充分摇匀。

固体氢氧化钠极易吸收空气中的 CO_2 和水，所以称量必须迅速。市售固体氢氧化钠常因吸收 CO_2 而混有少量 Na_2CO_3，以致在分析结果中引入误差，因此在要求严格的情况下，配制 NaOH 液时必须设法除去 CO_3^{2-} 离子，常用方法有两种。

① 在台秤上称取一定量的固体氢氧化钠于烧杯中，再用少量的水溶解后倒入试剂瓶中，接着用水稀释到一定体积，加入 1~2 mL 20% $BaCl_2$ 溶液，摇匀后用橡皮塞塞紧，静置过夜，待沉淀完全沉降后，用虹吸管把清液转入另一试剂瓶中，塞紧，

备用。

② 饱和的 NaOH 溶液（50%）具有不溶解 Na_2CO_3 的性质。所以用固体 NaOH 配制饱和溶液，其中的 Na_2CO_3 可以全部沉降下来。在涂蜡的玻璃器皿或塑料容器中先配制饱和的 NaOH 溶液，待溶液澄清后，吸取上层的溶液，用新煮沸并冷却的水稀释至一定浓度。

（二）标定

标定实验只选做其中一个。

1. NaOH 标准溶液的标定

在分析天平上准确称取 3 份已在 105～110 ℃ 下烘过一小时以上的分析纯的邻苯二甲酸氢钾，每份 1～1.5 g（取此量的依据是什么?）放入 250 mL 锥形瓶或烧杯中，用 50 mL 煮沸后刚冷却的水使之溶解（如没有完全溶解，可稍微加热）。冷却后加入 2 滴酚酞指示剂，用 NaOH 标准溶液滴定至微红色半分钟不褪，即为终点。3 份测定的相对平均偏差应小于 0.2%，否则应重复测定。

2. HCl 标准溶液的标定

准确称取已烘干的无水碳酸钠 3 份（其重量按消耗 20～40 mL 0.2 mol/L 溶液计），置于 3 个 250 mL 锥形瓶中，加水约 30 mL，温热，摇动使之溶解，以甲基橙为指示剂，以 0.2 mol/L HCl 标准溶液滴定至溶液由黄色变为橙色。记下 HCl 标准溶液的消耗量，并计算出 HCl 标准溶液的浓度。

五、思考题

① 为什么不能用直接法配制 HCl、NaOH 标准溶液?

② 每次滴定都要从滴定管零点或零点附近开始滴定，为什么?

③ 滴定管在装入标准溶液前为什么要用此溶液润洗 2～3 次? 用于滴定的锥形瓶或烧杯需要干燥吗? 要不要用标准溶液润洗? 为什么?

④ HCl 溶液滴定标准溶液 NaOH 时是否可用酚酞作指示剂?

实验十四　食用醋中总酸含量的测定

一、实验目的

① 了解基准物质邻苯二甲酸氢钾($KHC_8H_4O_4$)的性质及其应用。
② 掌握 NaOH 标准溶液的配制、标定及保存要点。
③ 掌握强碱滴定弱酸的滴定过程、突跃范围及指示剂的选择原理。
④ 进一步练习各种滴定仪器的使用。

二、实验原理

食用醋的主要成分是醋酸(HAc),此外还含有少量的其他弱酸,如乳酸等。醋酸的电离常数 $K_a=1.8\times10^{-5}$,用 NaOH 标准溶液滴定醋酸,其反应式为

$$NaOH+HAc \rule{0.8cm}{0.4pt} NaAc+H_2O$$

化学计量点的 pH 约为 8.7,在碱性范围内,可用酚酞作指示剂,滴定终点时由无色变为微红色,食用醋中可能存在的其他各种形式的酸也与 NaOH 反应,滴定所得为总酸度,以 ρ_{HAc}(g/L)表示。

三、实验试剂

邻苯二甲酸氢钾($KHC_8H_4O_4$)基准试剂:在 $100\sim125\ ℃$ 干燥 1 h 后,置于干燥器中备用。

NaOH(0.1 mol/L)溶液:用烧杯在天平上称取 2 g NaOH 固体,加入新鲜的或煮沸并冷却的蒸馏水,溶解完全后,转入带橡皮塞的试剂瓶中,加水稀释至 500 mL,充分摇匀。

酚酞指示剂(2 g/L 乙醇溶液)。

食醋试液。

四、实验内容

(一)0.1 mol/L NaOH 标准溶液浓度的标定

以差量法准确称取邻苯二甲酸氢钾 $0.4\sim0.6$ g 3 份,分别置于 3 个 250 mL 锥形瓶中,加入 $40\sim50$ mL 蒸馏水溶解后(可稍微加热),加入 $1\sim2$ 滴酚酞指示剂,用 NaOH 溶液滴定至溶液呈微红色且 30 s 内不褪色即为终点。平行标定 3 次,计算 NaOH 溶液的体积,计算 NaOH 溶液的浓度及平均值。

（二）食用醋中总酸度的测定

准确吸取食用醋试样 25.00 mL 置于 250 mL 容量瓶中，用新煮沸并冷却的蒸馏水稀释至刻度，摇匀。

用移液管吸取 25.00 mL 上述稀释后的试液于 250 mL 锥形瓶中，加入 25 mL 新煮沸并冷却的蒸馏水，2 滴酚酞指示剂。用上述标定的标准溶液滴至溶液呈微红色且 30 s 不褪色即为终点。平行标定 3 次。根据 NaOH 标准溶液的用量，计算食用醋的总酸度。

（三）实验数据记录

1. NaOH 标准溶液浓度的标定（表 14.1）

表 14.1　实验结果记录

记录项目　　　号　　码	1	2	3
称量瓶＋样品(g)			
倒出样后称量瓶＋样品质量(g)			
样品倒出量(g)			
V_{NaOH} 终读数(mL)			
V_{NaOH} 初读数(mL)			
ΔV_{NaOH}(mL)			
c_{NaOH}(mol/L)			
c_{NaOH} 平均值(mol/L)			
相对偏差(%)			
平均相对偏差(%)			

2. 食用醋中总酸度的测定（表 14.2）

表 14.2　实验结果记录

记录项目　　　号　　码	1	2	3
试液体积数(L)			
V_{NaOH} 终读数(mL)			
V_{NaOH} 初读数(mL)			
ΔV_{NaOH}(mL)			

续表

号　码 记录项目	1	2	3
总酸度 ρ_{HAc} (g/L)			
相对偏差(%)			
平均相对偏差(%)			

五、思考题

① 称取 NaOH 及邻苯二甲酸氢钾各用什么天平？为什么？

② 为什么称取邻苯二甲酸氢钾基准物要在 0.4～0.6 g 范围内？能否少于 0.4 g 或多于 0.6 g？为什么？

③ 已标定的 NaOH 标准溶液在保存时吸收了空气中的 CO_2，以它测定 HCl 溶液的浓度，若用酚酞为指示剂，对测定结果产生何种影响？若改用甲基橙，结果又如何？

实验十五　高锰酸钾标准溶液的配制、标定和过氧化氢含量的测定

一、实验目的

① 学习高锰酸钾溶液的配制和保存方法。

② 掌握以草酸钠作基准物标定高锰酸钾溶液浓度的原理、方法和滴定条件。

③ 掌握用高锰酸钾法测定过氧化氢含量的原理和方法。

二、实验原理

市售的高锰酸钾常含有少量杂质,其中主要为 MnO_2,还有硫酸盐、氯化物及硝酸盐等,因此不能用准确称量高锰酸钾来直接配制准确浓度的溶液。高锰酸钾是强氧化剂,故易与水中的有机物、空气中的尘埃等还原性物质作用;高锰酸钾还能自行分解,其分解反应如下:

$$4KMnO_4 + 2H_2O =\!=\!= 4MnO_2\downarrow + 4KOH + 3O_2\uparrow$$

分解速度随溶液的 pH 而改变,在中性溶液中分解很慢。另外,Mn^{2+} 离子和 MnO_2 的存在,都能加速 $KMnO_4$ 的分解,见光则分解更快,可见 $KMnO_4$ 溶液的浓度容易改变。所以正确配制和保存的 $KMnO_4$ 溶液应呈中性,不含 MnO_2,并置于棕色瓶中放在暗处保存。但是如果长期使用,仍应定期标定。

标定高锰酸钾溶液浓度的基准物质有草酸钠、纯铁丝、三氧化二砷等,其中最常用的是草酸钠,因它不含结晶水,容易提纯,性质稳定,在 $105 \sim 110\ ^{\circ}\mathrm{C}$ 下干燥 2 小时即可使用。

用草酸钠标定高锰酸钾溶液浓度的反应可表示如下:

$$2MnO_4^- + 5C_2O_4^{2-} + 16H^+ =\!=\!= 2Mn^{2+} + 10CO_2\uparrow + 8H_2O$$

滴定时利用 MnO_4^- 离子本身的紫红色指示滴定终点。

过氧化氢的含量可用高锰酸钾法测定,在酸性溶液中,过氧化氢在室温条件下能定量地被高锰酸钾氧化生成氧气和水,其反应式如下:

$$5H_2O_2 + 2MnO_4^- + 6H^+ =\!=\!= 2Mn^{2+} + 5O_2\uparrow + 8H_2O$$

开始时反应时速度慢,滴入第 1 滴 $KMnO_4$ 溶液时不易褪色,待 Mn^{2+} 生成之后,由于 Mn^{2+} 的自动催化作用加快了反应速度,故能顺利地滴定至终点。

根据消耗的 $KMnO_4$ 标准溶液的体积,计算样品中 H_2O_2 的体积百分含量。

三、实验试剂

$KMnO_4$:固体。

Na$_2$C$_2$O$_4$：基准试剂。于 105~110 ℃ 干燥 2 h，置于干燥器中备用。

H$_2$SO$_4$ 溶液：1 mol/L。

H$_2$SO$_4$ 溶液：3 mol/L。

H$_2$O$_2$：30％。

四、实验内容

（一）0.02 mol/L KMnO$_4$ 溶液的配制

称取 KMnO$_4$ 固体约 1.6 g 置于 1 L 烧杯中，约加 550 mL 水使之溶解，盖上表面皿，加热微沸 20~30 min，冷却后在暗处放置 7~10 天，用玻璃砂芯漏斗（G4）或玻璃纤维过滤除去 MnO$_2$ 等杂质，滤液贮于棕色细口瓶中，放置暗处保存。如果溶液经煮沸并在水浴上保温 1 h，冷却后过滤，则不必长期放置，就可以标定其浓度。

（二）KMnO$_4$ 溶液浓度的标定

准确称取 0.15~0.20 g Na$_2$C$_2$O$_4$ 基准物于 250 mL 锥形瓶中，加水约 20 mL 使之溶解，然后加 1 mol/L 的 H$_2$SO$_4$ 溶液 30 mL，在水浴上加热到 75~85 ℃，趁热用待标定的 KMnO$_4$ 溶液滴定。开始时滴定速度要慢（滴 1 滴，待 KMnO$_4$ 颜色褪色后再滴第 2 滴），待溶液中产生 Mn^{2+} 离子后，滴定速度可加快。滴定过程中应使温度不低于 60 ℃。滴定到溶液呈微红色经 30 s 不褪色，即为终点。

平行标定 3 次，根据滴定所消耗 KMnO$_4$ 的体积和基准物 Na$_2$C$_2$O$_4$ 的质量，计算 KMnO$_4$ 的浓度。

（三）H$_2$O$_2$ 含量的测定

用移液管吸取 1.00 mL 过氧化氢样品（浓度约 30％）置于 250 mL 容量瓶中，加水稀释至刻度，充分摇匀。用移液管移取 25.00 mL 稀释液置于 250 mL 锥形瓶中，加 60 mL 水和 3 mol/L 的 H$_2$SO$_4$ 溶液 30 mL，用 KMnO$_4$ 标准溶液滴定至溶液呈微红色经 30 s 不消失，即为终点。

平行标定 3 次，根据 KMnO$_4$ 标准溶液用量，计算过氧化氢未经稀释的样品中 H$_2$O$_2$ 的含量（g/L）。

五、注意事项

① KMnO$_4$ 加热或放置时应盖上表面皿，以防尘埃及有机物等落入。

② 在 Na$_2$C$_2$O$_4$ 标定 KMnO$_4$ 溶液的滴定过程中，溶液酸度控制在 0.5~1 mol/L 之间，酸度过高会使草酸分解；酸度不足，滴定过程中又会产生棕色的二氧化锰沉淀，若发现棕色浑浊，应立即加入 H$_2$SO$_4$，若已经达到终点，此时加

H_2SO_4 已无效,实验应重做。

③ $KMnO_4$ 滴定的终点是不大稳定的,这是由于空气中含有还原性气体及尘埃等杂质,使 $KMnO_4$ 缓慢分解,而使微红色消失,所以经 30 s 不褪色,即可认为终点到达。

④ 过氧化氢样品系工业产品,常加入少量乙酸苯胺等有机物质作稳定剂,此类有机物也消耗 $KMnO_4$。遇此情况,可采用碘量法或铈量法测定。

六、思考题

① 配制 $KMnO_4$ 溶液时为什么要把 $KMnO_4$ 水溶液煮沸一定时间(或放置 7～10 天)? 配好的 $KMnO_4$ 溶液为什么要过滤后才能保存? 能不能用滤纸过滤?

② 用 $Na_2C_2O_4$ 标定 $KMnO_4$ 溶液浓度时,为什么必须在大量 H_2SO_4 存在下进行? 酸度过高或过低有无影响? 用 HCl 或 HNO_3 溶液行不行? 为什么要加热至 75～85 ℃后才能滴定? 溶液温度过高或过低有无影响?

③ $KMnO_4$ 溶液为什么一定要装在玻璃塞滴定管中? 为什么第 1 滴 $KMnO_4$ 溶液加入后红色褪去很慢,以后褪色较快?

④ 装 $KMnO_4$ 溶液的烧杯放置较久后,杯壁上常有棕色沉淀,该沉淀是什么? 应该怎样洗涤?

⑤ 用 $KMnO_4$ 法测定 H_2O_2 时,用 HCl 或 HNO_3 溶液来控制溶液酸度行不行? 为什么?

实验十六　水的总硬度的测定（EDTA 法）

一、实验目的

① 掌握 EDTA 标准溶液的配制和标定方法。
② 学会判断配位滴定的终点。
③ 了解缓冲溶液的应用。
④ 掌握配位滴定的基本原理、方法和计算。
⑤ 掌握铬黑 T、钙指示剂的使用条件和终点变化。
⑥ 进一步掌握前面学过的仪器。

二、实验原理

测定自来水的硬度，一般采用络合滴定法，用 EDTA 标准溶液滴定水中的 Ca^{2+}、Mg^{2+} 总量，然后换算为相应的硬度单位。

用 EDTA 滴定 Ca^{2+}、Mg^{2+} 总量时，一般是在 pH＝10 的氨性缓冲溶液中进行，用 EBT（铬黑 T）作指示剂。化学计量点前，Ca^{2+}、Mg^{2+} 和 EBT 生成紫红色络合物，当用 EDTA 溶液滴定至化学计量点时，游离出指示剂，溶液呈现纯蓝色。

由于 EBT 与 Mg^{2+} 显色灵敏度高，与 Ca^{2+} 显色灵敏度低，所以当水样中 Mg^{2+} 含量较低时，用 EBT 作指示剂往往得不到敏锐的终点。这时可在 EDTA 标准溶液中加入适量的 Mg^{2+}（标定前加入 Mg^{2+} 对终点没有影响）或者在缓冲溶液中加入一定量的 Mg^{2+}-EDTA 盐，利用置换滴定法的原理来提高终点变色的敏锐性，也可采用酸性铬蓝 K-萘酚绿 B 混合指示剂，此时终点颜色由紫红色变为蓝绿色。

滴定时，Fe^{3+}、Al^{3+} 等干扰离子用三乙醇胺掩蔽；Cu^{2+}、Pb^{2+}、Zn^{2+} 等重金属离子则可用 KCN、Na_2S 或硫基乙酸等掩蔽。

本实验以 $CaCO_3$ 的质量浓度（mg/L）表示水的硬度。我国生活饮用水规定，总硬度以 $CaCO_3$ 计，不得超过 450 mg/L。

计算公式：

$$水的硬度 = \frac{C \times V}{水样体积} \times 100.09 (mg/L)$$

式中：C 为 EDTA 的浓度；V 为 EDTA 的体积；100.09 为 $CaCO_3$ 的摩尔质量。

三、实验试剂

EDTA 标准溶液（0.01 mol/L）：称取 2 g 乙二胺四乙酸二钠盐

（$Na_2H_2Y\cdot 2H_2O$）于 250 mL 烧杯中，用水溶解稀释至 500 mL。如溶液需保存，最好将溶液储存在聚乙烯塑料瓶中。

氨性缓冲溶液（pH＝10）：称取 20 g NH_4Cl 固体溶解于水中，加 100 mL 浓氨水，用水稀释至 1 L。

铬黑 T（EBT）溶液（5 g/L）：称取 0.5 g 铬黑 T，加入 25 mL 三乙醇胺、75 mL 乙醇。

Na_2S 溶液（20 g/L）。

三乙醇胺溶液（1＋4）。

盐酸（1＋1）。

氨水（1＋2）。

甲基红：1 g/L 60％的乙醇溶液。

镁溶液：1 g $MgSO_4\cdot 7H_2O$ 溶解于水中，稀释至 200 mL。

$CaCO_3$ 基准试剂：120 ℃干燥 2 h。

金属锌（99.99％）：取适量锌片或锌粒置于小烧杯中，用 0.1 mol/L HCl 清洗 1 min，以除去表面的氧化物，再用自来水和蒸馏水洗净，将水沥干，放入干燥箱中 100 ℃烘干（不要过分烘烤），冷却。

四、实验内容

（一）EDTA 的标定

标定 EDTA 的基准物较多，常用纯 $CaCO_3$，也可用纯金属锌标定，其方法如下。

1. 金属锌为基准物质

准确称取 0.17～0.20 g 金属锌置于 100 mL 烧杯中，加（1＋1）的 HCl 5 mL，立即盖上干净的表面皿，待反应完全后，用水吹洗表面皿及烧杯壁，将溶液转入 250 mL 容量瓶中，用水稀释至刻度，摇匀。

用移液管平行移取 25.00 mL Zn^{2+} 的标准溶液 3 份分别于 250 mL 锥形瓶中，加甲基红 1 滴，滴加（1＋2）的氨水至溶液呈现为黄色，再加蒸馏水 25 mL、氨性缓冲溶液 10 mL，摇匀，加 EBT 指示剂 2～3 滴，摇匀，用 EDTA 溶液滴至溶液由紫红色变为纯蓝色即为终点。计算 EDTA 溶液的准确浓度。

2. $CaCO_3$ 为基准物质

准确称取 $CaCO_3$ 0.2～0.25 g 于烧杯中，先用少量的水润湿，盖上干净的表面皿，滴加（1＋1）的 HCl 10 mL，加热溶解。溶解后用少量水洗表面皿及烧杯壁，冷却后，将溶液定量转移至 250 mL 容量瓶中，用水稀释至刻度，摇匀。

用移液管平行移取 25.00 mL 标准溶液 3 份分别加入 250 mL 锥形瓶中,加 1 滴甲基红指示剂,用(1+2)的氨水溶液调至溶液由红色变为淡黄色,加蒸馏水 20 mL,再加入 pH=10 的氨性缓冲溶液 10 mL,加 2 滴铬黑 T 指示剂,用 EDTA 溶液滴至溶液由紫红色变为纯蓝色即为终点。计算 EDTA 溶液的准确浓度。

(二) 自来水样的分析

打开水龙头,先放数分钟,用已洗净的试剂瓶承接水样 500~1 000 mL,盖好瓶塞备用。

移取适量的水样(用什么量器?)(一般为 50~100 mL,视水的硬度而定),加入三乙醇胺 3 mL,氨性缓冲溶液 5 mL,EBT 指示剂 2~3 滴,立即用 EDTA 标准溶液滴至溶液由红色变为纯蓝色即为终点。平行标定 3 份,计算水的总硬度,以 $CaCO_3$ 表示。

五、注意事项

① 自来水样较纯、杂质少,可省去水样酸化,煮沸,加 Na_2S 掩蔽剂等步骤。

② 如果 EBT 指示剂在水样中变色缓慢,则可能是由于 Mg^{2+} 含量低,这时应在滴定前加入少量 Mg^{2+} 溶液,开始滴定时滴定速度宜稍快,接近终点时滴定速度宜慢,每加 1 滴 EDTA 溶液后,都要充分摇匀。

六、思考题

① 用配位滴定法测定水的总硬度时为什么要加入氨性缓冲溶液?

② 什么是水的硬度? 水的硬度有哪些表示方式? 水的硬度对生产和生活有何影响?

实验十七　植物(或肥料)中钾的测定
(重量法)

一、实验目的

① 学会测定植物或肥料中钾的分析方法。
② 掌握沉淀、过滤、洗涤及灼烧等重量分析基本操作技术。

二、实验原理

植物或肥料经处理后,取一定量的溶液,加入四苯硼钠试剂,发生如下沉淀反应:

$$Na[B(C_6H_5)_4]+K^+ \underline{\hspace{1em}} K[B(C_6H_5)_4]\downarrow +Na^+$$

所得的 $K[B(C_6H_5)_4]$ 沉淀,经过过滤、洗涤、烘干后,于分析天平称量,并换算成 K_2O 的质量。

上述反应是在碱性介质中进行的,铵离子的干扰可用甲醛掩蔽,金属离子的干扰可用乙二胺四乙酸二钠盐掩蔽。

三、实验用品

仪器:

瓷坩埚、烧杯、微孔吸滤坩埚、中速定量滤纸、烘箱、电炉等。

药品:

HNO_3(1 mol/L)、25%甲醛、乙二胺四乙酸二钠盐溶液(0.1 mol/L)、1%酚酞 NaOH(0.5 mol/L)、四苯硼钾饱和溶液(过滤至清亮为止)、$Na[B(C_6H_5)_4]$(0.1 mol/L) (称取 $Na[B(C_6H_5)_4]$ 3.4 g,溶于 100 mL 水中,用时新配)、HCl(2 mol/L)。

四、实验内容

(一)植物或肥料溶液的制备

1. 植物样品溶液的制备

准确称取植物样品 1 g,置于瓷坩埚内,于 400~450 ℃下灰化数小时,将样品冷却后,加入 1 mol/L HNO_3 15 mL,放在砂浴上蒸发至干,再放回 450±10 ℃的高温炉中 10~20 min,可得完全灰化的灰分。灼烧完毕冷却后,加入 2 mol/L HCl 15 mL,转动坩埚,使 HCl 溶液接触全部灰分,再加约 10 mL 蒸馏水,放在砂浴上温热 15～20 min(不要使溶液沸腾),冷却后,将坩埚内溶液及不溶物用中速定量滤纸滤入 100 mL 容量瓶中,残渣用酸化蒸馏水(每升蒸馏水加 2～3 mL 浓 HCl)洗涤 5～6 次,洗涤溶液洗入同一容量瓶中,最后以蒸馏水稀释至刻度,摇匀后留作测定钾用。

2. 肥料样品溶液的制备

准确称取无机肥料约 0.5 g 于 250 mL 烧杯中,加入少量热蒸馏水,溶解后,用中速定量滤纸过滤,将杯内残渣及溶液转入 100 mL 容量瓶中,残渣及烧杯内壁用热蒸馏水洗涤 5～6 次,滤液转入同一容量瓶中,最后以蒸馏水稀释至 100 mL,摇匀作测定钾用。

(二) 植物或肥料中钾的测定

准确移取植物或肥料制备液 10～20 mL(视 K_2O 多少而定)于 150 mL 烧杯中,加入 5 mL 25％甲醛溶液和 10 mL 0.1 mol/L 乙二胺四乙酸二钠盐溶液,搅匀后,加入 2 滴 1‰酚酞指示剂,用 0.5 mol/L NaOH 溶液滴至淡红色为止。然后将溶液加热至 40 ℃,逐滴加入 0.1 mol/L 四苯硼钠溶液 5 mL,并搅拌 2～3 min,静置 30 s 后,用 5 号微孔吸滤坩埚过滤,用四苯硼钾饱和溶液洗涤数次,最后用蒸馏水洗涤坩埚两次(每次约 5 mL),抽干,将坩埚于 120 ℃干燥,烘至恒重。

计算植物或肥料试样中氧化钾的百分含量。

五、思考题

① 如何确定对氧化钾的换算因数?
② 为什么要在碱性介质中加入四苯硼钠?

实验十八　土壤中全磷的测定
（分光光度法）

一、实验目的

① 学习分光光度法测定微量物质的原理和方法。

② 了解并掌握 722 型分光光度计的基本原理和使用方法。

二、实验原理

土壤中的全磷是指有机态磷和无机态磷的总量。

本实验为高氯酸-硫酸、酸溶①-钼锑抗比色法。

在高温条件下,土壤样品中含磷矿物及有机磷化合物与高沸点的 H_2SO_4 和强氧化剂 $HClO_4$ 作用,使之完全分解,全部转化为正磷酸而进入溶液。待测液用钼锑抗(钼酸铵-酒石酸锑钾-抗坏血酸试剂的简称)混合显色剂,使形成的黄色锑磷钼杂多酸还原成蓝色的磷钼蓝,进行比色测定。

三、实验用品

仪器:

分析天平、722 型分光光度计、移液管、吸量管、容量瓶、烧杯、量筒、漏斗等。

药品:

浓 H_2SO_4(分析纯)、H_2SO_4(1 mol/L)、70%～72% $HClO_4$(分析纯)、NaOH(4 mol/L)、二硝基酚指示剂(0.2 g,2,6-二硝基酚溶于 100 mL 蒸馏水中)。

钼锑抗显色剂:

称取酒石酸锑钾($KSbOC_4H_4O_6 \cdot \frac{1}{2} H_2O$)0.5 g 溶于 100 mL 水中,配成 0.5%的溶液。

另取浓 H_2SO_4 153 mL 缓慢地注入约 400 mL 水中,搅拌,冷却。10 g 钼酸铵(分析纯)溶解于 60 ℃的 300 mL 水中,冷却。然后将 H_2SO_4 溶液缓慢地倒入钼酸铵溶液中,边加边搅动。再将 0.5%酒石酸锑钾 100 mL 加入钼酸铵溶液中,最后用水稀释至 1 L,充分摇匀,贮存于棕色瓶中,此为钼锑贮存液。

①　H_2SO_4、$HClO_4$ 的酸溶法为分解土壤试样制备液的常用方法。对一般土壤的分解率为 97%～98%,欲使样品分解完全,可改用碱熔法分解试样,但其操作步骤较复杂。

临用前(当天),称取 1.5 g 抗坏血酸($C_6H_8O_6$)溶于 100 mL 钼锑贮存液中,混匀,此即为钼锑抗显色剂。此液须随配随用,有效期为一天。

5 μg/mL P 标准溶液:

准确称取 0.219 5 g KH_2PO_4(分析纯,105 ℃ 烘过 2 h),溶于 400 mL 水中,加入浓 H_2SO_4 5 mL(防长霉菌),转入 1 L 容量瓶中,用水定容,摇匀。此为 5 μg/mL P 标准溶液,可长期保存。

准确移取上述标准溶液 25.00 mL 于 250 mL 容量瓶中,稀释至刻度,摇匀。此为 5 μg/mL P 标准溶液,不宜久存。

四、实验内容

(一)磷的标准曲线的绘制

用吸量管准确吸取 5 μg/mL P 标准溶液 0、1、2、4、6、8、10(单位:mL)于 7 个 50 mL 容量瓶中,加水稀释至约 30 mL,加入钼锑抗显色剂 5 mL,最后加水定容至 50 mL,摇匀。即得 0、0.1、0.2、0.4、0.6、0.8、1.0(单位:μg/mL) P 标准系列溶液,30 min 后与待测溶液同时进行比色。以磷的含量(μg/mL)为横坐标,相应的吸光度为纵坐标,绘制标准曲线。

(二)待测液的制备

准确称取通过 100 目筛的风干(或烘干)土壤样品 0.25～0.5 g,置于 50 mL 锥形瓶中,以少量水润湿后,加浓 H_2SO_4 8 mL,摇匀后,再加进 70%～72% $HClO_4$ 10 滴,摇匀,瓶口上加一小漏斗,置于电炉上加热消煮;至锥形瓶内溶液开始转变为白色后,继续消煮 20 min,全部消煮时间为 30～60 min①。在样品分解的同时做一个试剂空白试验。所用试剂同上,不加土样,同样消煮。

将冷却后的消煮溶液小心地洗入 100 mL 容量瓶中,冲洗时用水应少量多次。轻轻摇动容量瓶,待溶液完全冷却后,加水稀释至刻度。用干燥漏斗和无磷滤纸将溶液滤入干燥的 100 mL 的锥形瓶中。同时做试剂空白试验。

---

① 电炉必须接一个调压变压器,以便控制温度,或改用调温电炉。开始消煮时温度不宜过高,电炉丝热至暗红色即可;当消煮至 $HClO_4$ 烟雾消失后,再提高温度使 H_2SO_4 发烟回流,但要防止溶液溅出。

（三）磷的测定

移取上述待测液 10 mL 或 20 mL(以含磷量在 20～30 $\mu g/mL$ 为最好)[①]，置于 50 mL 容量瓶中，加水稀释至约 30 mL，加二硝基酚指示剂 1～2 滴，滴加 4 mol/L NaOH 溶液直至溶液转为黄色，再加 1 mol/L H_2SO_4 使溶液的黄色刚刚褪去，然后加入钼锑抗显色剂 5 mL，再加水定容至 50 mL，摇匀。在室温高于 15 ℃ 的条件下放置 30 min 后，在 722 型分光光度计上用 700 nm 波长，1 cm 比色皿进行比色，以空白试验溶液为参比液调零，测其试样溶液的吸光度。从标准曲线上查出显色液 P 的浓度($\mu g/mL$)。

五、分析结果计算

$$[P]=\frac{m\times 10^{-6}\times 显色液体积\times 分取倍数}{G}\times 100\%$$

式中：m 为从标准曲线上查得的磷的浓度($\mu g/mL$)；显色液体积为 50 mL；分取倍数为消煮溶液定容体积/吸取消煮溶液体积；G 为风干土样的质量(g)。

六、思考题

① 土样全磷测定时，能否用 HCl 消化分解？为什么？
② 试述 722 型分光光度计的测定原理及使用时的注意事项。

附录　722 型分光光度计的结构与使用方法

（一）构造原理

722 型分光光度计由光源室、单色器、试样室、光电管暗盒、电子系统及数字显示器等部件组成。光源为钨卤素灯，波长范围为 330～800 nm。单色器中的色散元件为光栅，可获得波长范围狭窄的接近于一定波长的单色光。其外部结构如图 18.1 所示。722 型分光光度计能在可见光谱区域内对样品物质作定性和定量分析，其灵敏度、准确性和选择性都较高，因而在教学、科研和生产上得到广泛应用。

（二）仪器的性能

① 光学系统：单光束、衍射光栅。
② 波长范围：330～800 nm。

---

① 要求吸取待测液中含磷 20～30 $\mu g/mL$。事先可吸取一定量的待测液，显色后用目测法观察颜色深度，然后估算出应该吸取待测液的体积(10～20 mL)。

③ 光源:钨卤素灯 12 V,30 W。

④ 接收元件:端窗式 G1030 光电管。

⑤ 波长精度:±2 nm。

⑥ 波长重现性:0.5 nm。

⑦ 透光率测量范围:0~100%(T)。

⑧ 吸光度测量范围:0~1.999(A)。

⑨ 浓度直读范围:0~2 000。

⑩ 读数精度:a. 透光率线性精度±0.5%(T);b. 吸光度精度±0.004 A(在 0.5 A 处)。

⑪ 透光率重现性:0.5%(T)。

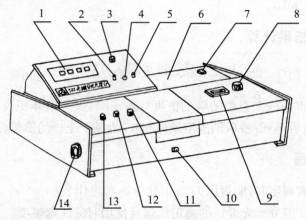

图 18.1 722 型分光光度计

1. 数字显示器 2. 吸光度调零旋钮 3. 选择开关 4. 吸光度调斜率电位器 5. 浓度旋钮
6. 光源室 7. 电源开关 8. 波长手轮 9. 波长刻度窗 10. 试样架拉手 11. 100%T 旋钮
12. 0%T 旋钮 13. 灵敏度调节旋钮 14. 干燥器

(三) 仪器的使用

① 预热仪器:将选择开关置于"T",打开电源开关,使仪器预热 20 min。为了防止光电管疲劳,不要连续光照,预热仪器时和不测定时应将试样室盖打开,使光路切断。

② 选定波长:根据实验要求,转动波长手轮,调至所需要的单色波长。

③ 固定灵敏度挡:在能使空白溶液很好地调到"100%"的情况下,尽可能采用灵敏度较低的挡,使用时,首先调到"1"挡,灵敏度不够时再逐渐升高。但换挡改变灵敏度后,须重新校正"0%"和"100%"。选好的灵敏度,在实验过程中不要再变动。

④ 调节 $T=0\%$:轻轻旋动"0%"旋钮,使数字显示为"00.0"(此时试样室是打开的)。

⑤ 调节 $T=100\%$：将盛蒸馏水(或空白溶液，或纯溶剂)的比色皿放入比色皿座架中的第一格内，并对准光路，把试样室盖子轻轻盖上，调节透过率"100％"旋钮，使数字显示正好为"100.0"。

⑥ 吸光度的测定：将选择开关置于"A"，盖上试样室盖子，将空白液置于光路中，调节吸光度调节旋钮，使数字显示为".000"。将盛有待测溶液的比色皿放入比色皿座架中的其他格内，盖上试样室盖，轻轻拉动试样架拉手，使待测溶液进入光路，此时数字显示值即为该待测溶液的吸光度值。读数后，打开试样室盖，切断光路。

重复上述测定操作 $1\sim2$ 次，读取相应的吸光度值，取平均值。

⑦ 浓度的测定：选择开关由"A"旋至"C"，将已标定浓度的样品放入光路，调节浓度旋钮，使得数字显示为标定值，将被测样品放入光路，此时数字显示值即为该待测溶液的浓度值。

⑧ 关机：实验完毕，切断电源，将比色皿取出洗净，并将比色皿座架用软纸擦净。

(四) 维护

① 为确保仪器稳定工作，如电压波动较大，则应将 220 V 电源预先稳压。

② 当仪器工作不正常时，如数字表无亮光、光源灯不亮、开关指示灯无信号，应检查仪器后盖保险丝是否损坏，然后查电源线是否接通，再查电路。

③ 仪器要接地良好。

④ 仪器左侧下角有一只干燥剂筒，试样室内也有硅胶，应保持其干燥性，发现变色后立即更新或加以烘干再用。当仪器停止使用后，也应该定期更新烘干。

⑤ 为了避免仪器积灰和沾污，在停止工作时，用套子罩住整个仪器，在套子内应放数袋防潮硅胶，以免灯室受潮，使反射镜镜面有霉点或沾污，从而影响仪器性能。

⑥ 仪器工作数月或搬动后，要检查波长精度和吸光度精度等，以确保仪器的使用和测定精度。

(五) 注意事项

① 为了防止光电管疲劳，不测定时必须将试样室盖打开，使光路切断，以延长光电管的使用寿命。

② 取拿比色皿时，手指只能捏住比色皿的毛玻璃面，而不能碰比色皿的光学表面。

③ 比色皿不能用碱溶液或氧化性强的洗涤液洗涤，也不能用毛刷清洗。比色皿外壁附着的水或溶液应用擦镜纸或细而软的吸水纸吸干，不要擦拭，以免损伤它的光学表面。

实验十九 溶液 pH 的测定
（直接电位法）

一、实验目的

① 了解用直接电位法测定水溶液 pH 的原理和方法。

② 掌握酸度计的操作方法。

二、实验原理

水溶液的 pH 通常是用酸度计进行测定的。以玻璃电极作指示电极,饱和甘汞电极作参比电极,同时插入被测试液之中,组成工作电池,该电池可以用下式表示:

$$(-)Ag|AgCl(s),HCl(0.1\ mol/L)|玻璃膜|测量液(试液)\parallel KCl(饱和),Hg_2Cl_2(s)|Hg(+)$$
　　　　　　　　　玻璃电极　　　　　　　　　　　　　　　　饱和甘汞电极

在一定条件下,测得电池的电动势。

$$E=K'+0.059pH(25\ ℃)$$

由测得的电动势能算出溶液的 pH。但因上式中的 K' 值是由内、外参比电极的电位及难于计算的不对称电位和液接电位所决定的常数,实际不易求得,因此在实际工作之中,用酸度计测定溶液的 pH 时,首先必须用已知 pH 的标准缓冲溶液来校正酸度计(也叫"定位")。校正时应选用与被测溶液的 pH 接近的标准缓冲溶液,以减少在测量过程中可能由于液接电位、不对称电位及温度等变化而引起的误差。应用校正后的酸度计,可直接测量水或其他溶液的 pH。

玻璃电极和甘汞电极的构造分别如图 19.1、图 19.2 所示。

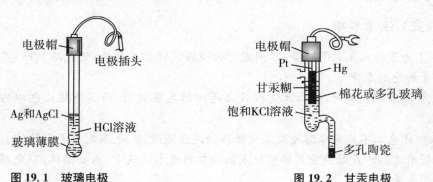

图 19.1　玻璃电极　　　　　　　　图 19.2　甘汞电极

目前使用最广泛的是玻璃电极和甘汞电极合二为一,制成复合电极(图19.3),

复合电极的外壳下端较玻璃泡长,避免玻璃泡的损坏。

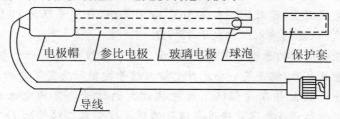

图 19.3　复合电极示意图

三、仪器和试剂

① pHS-2(或 pHS-3C)型酸度计一台,复合电极或玻璃电极、饱和甘汞电极各一支。

② pH 标准缓冲溶液(20 ℃)pH=4.00,pH=6.88,pH=9.23。

四、实验内容

① 按照所使用酸度计的说明书中的操作方法进行操作。

② 将电极和塑料烧杯用水冲洗干净后,用标准缓冲溶液荡洗 1～2 次(电极用滤纸吸干)。

③ 用标准缓冲溶液校正仪器刻度。

④ 用水样将电极和塑料烧杯冲洗 6～8 次后,测量水样(或水溶液)。由仪器刻度表上读出 pH。

⑤ 测量完毕后,将电极和塑料烧杯冲洗干净,妥善保存。

五、思考题

① 用电位法测水溶液的 pH 的原理是什么?

② 酸度计为什么要用已知 pH 的标准缓冲溶液校正? 校正时要注意什么问题?

③ 玻璃电极在使用之前应如何处理? 为什么?

④ 安装电极时,应注意哪些问题?

⑤ 有色溶液或浑浊溶液的 pH 是否可以用酸度计测定?

附录　酸度计的结构及操作方法

pHS-2 型酸度计的结构及操作方法

(一) 仪器结构

上海第二分析仪器厂生产的 pHS-2 型酸度计是实验室中常用的仪器。其 pH 测量分为 7 挡量程。表量程表头满度指示为 2 个 pH 单位,精确度为 $\pm 0.02\text{pH}/3\text{pH}$。它也可用于毫伏测量,可测 0 ± 14.00 mV,分为 7 挡,每挡量程为 200 mV,最小分度值为 2 mV。仪器的输入阻抗大于 10^{12} Ω。

pHS-2 型酸度计的原理如图 19.4 所示。图中虚线框内是一个参量振荡放大器。所谓参量放大器,就是某一个元件受输入信号控制而改变了它的特征参量值,将这个改变进行放大并在过程终了时把被放大的信号恢复为电压或电流形式。pHS-2 型所用的参量放大器是通过高阻抗的砷化镓变容二极管的 D_1、D_2 实现的。变容二极管不同于普通二极管,它不是作为单向导通的器件来使用的,而是作为一个可变电容器来应用的,其特点是当其端电压为正时,电压越大,它的结电容也就越大,反之则越小。D_1、D_2 与绕组 L_1、L_2 构成一个交流电桥(C_1 和 C_2 只起隔直流作用)。当仪器通电后,电源将对正反馈放大器 A_1 供电,使其输出端负载绕组 L_3 中有一电流通过,并经过电感耦合而在绕组 L_1、L_2 的 A、B 端产生一个感应电动势 E_{AB},所以 AB 即为桥路二端电压源。当 4 个桥臂不平衡时,C、D 两端就有一个感应电压通过 C_3、L 反馈到放大器 A_1 的输入端口,设计成正反馈,故在一定条件下能使 4 路产生自激振荡。R_3、R_4 的作用是为 D_1、D_2 提供一条直流通路。

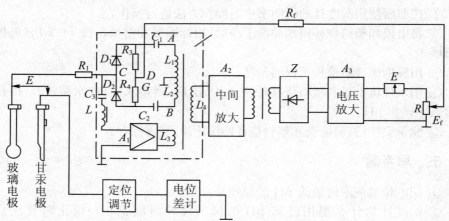

图 19.4　pHS-2 型酸度计的原理图

从图 19.4 可见,当被测直流电压通过 R_1 加在 D_1、D_2 的接点 C 和线路的公共接点之间时,D_1 和 D_2 则分别得到方向相反、大小相等的端电压。因而 D_1 与 D_2 上结电容将有相反的变化,即被测电压值越大,D_1、D_2 的结电容量差异就越大,因而加到 A_1 输入端的正反馈电压越大,促使振荡电压的输出幅度也随之增大。振荡输出通过绕组 L_4 而加到中间放大器 A_2 的输入端,经 A_2 的放大和检波电路 Z 的全波整流所得的直流电压加至直流电压放大器 A_3 的输入端,则在 F 点得到一个放大了的电压信号。F 点的电位随 C 点电位而变,且两者同相位;当 F 点电位不等于地电位时,就有一电流通过电表而产生一个读数,同时由电位器 R 的抽头 P 经 R_f 而施加一负反馈电压至 G 端以抵消输入电压 E,这样抵消之后的净输入电压极微小。由于总的开环放大倍数很高,因此 E_f 和 E 相等,所以整个放大器可以看成是一个深度负反馈的阻抗变换器,其优点是稳定,线性度好,输入阻抗高,输出阻抗小,虽然电压放大不多,但电流放大却非常大,足以推动电表工作。

仪器设有定位调节器及电位差计,前者用以补偿电极的不对称电位,后者以一个标准电位抵消输入电位,使量程扩展为表头满度指示 2 个 pH 单位。

(二)仪器的使用方法

pHS-2 型酸度计的面板结构如图 19.5 所示。

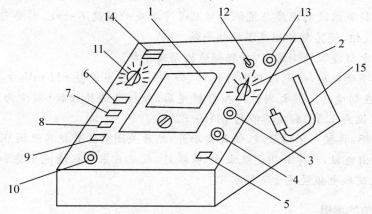

图 19.5　pHS-2 型酸度计的面板结构

1. 指示电表　2. pH-mV 分挡开关　3. 校正调节器　4. 定位调节器　5. 读数开关按键
6. 电源按键　7. pH 按键　8. +mV 按键　9. -mV 按键　10. 零点调节器　11. 温度补偿器
12. 甘汞电极接线柱　13. 玻璃电极插孔　14. 指示灯　15. 电极杆

使用时先安装电极,并将电计背后的插座接上 220 V 交流电源。测定 pH,按下 pH 按键 7,左上角的指示灯 14 便发亮,待电计预热数分钟后即可进行测定。步骤如下。

1. 校正、定位

① 调节温度补偿器旋钮 11 使之对准所测量用的标准 pH 缓冲液的温度值。

② 将 pH-mV 分挡开关 2 旋至"6"的位置,转动零点调节器 10,使电表指针对准盘上"1"的位置,旋动校正调节器 3 把指针调至满度。

③ 将 pH-mV 分挡开关转到"校正"位置,旋动校正调节器 3,把指针调至满度。

④ 将 pH-mV 分挡开关转回"6"的位置,复查仪器的零点。如果这时指针不是在刻度盘上"1"的位置上,则需再重复步骤②、③、④(应注意必须等指针稳定半分钟后才能进行调整),直到分挡开关在"6"的位置上,指针能对准"1"时为止。

⑤ 根据缓冲溶液的 pH 大小,将分挡开关转在相应的位置之上。例如若缓冲溶液的 pH＝6.88,则分挡开关转在"6"挡上;若 pH＝9.22,则应转至"8"挡上。

⑥ 按下读数开关按键 5,调节定位调节器 4,使电表指针的读数,加上分挡开关的读数,刚好等于标准缓冲溶液的 pH,再摇动烧杯,并反复调整定位调节器,使指示值稳定。然后再按下读数开关的按键,开关就断开了。将电极取出,洗净,吸干水分。

2. pH 的测量

① 若待测溶液的温度与定位用标准缓冲溶液的温度不一致,则要重新调整温度补偿器旋钮,使其与待测液温度相一致。

② 将电极浸入待测溶液,并轻轻地摇动或搅拌。

③ 按下读数键,使电极与电计接通,必要时再适当调整 pH-mV 分挡开关,使电表指针在刻度的范围之内。待指针稳定后,分挡开关的读数(假设为 8)加上电表的读数(设为 1.32)就是溶液的 pH(9.32)。

④ 测毕,再按一下读数键,使开关断开,然后关闭电源并把其他调节器复原。

⑤ 取出电极,洗净并用滤纸吸干,收藏好,或把甘汞电极浸泡于饱和氯化钾溶液之中,把玻璃电极浸泡于蒸馏水中。

3. 电位的测量

① 按下＋mV 键(估计电位若位于参比电极,则按下－mV 键),将 pH-mV 分挡开关转至"0"挡。

② 调节零点调节器,使指示电表指针对准"1"的位置。

③ 将 pH-mV 分挡开关转至"校正"位置,旋转校正调节器,把电表指针调至满度(测＋mV 时,零位在左端;测－mV 时,零位在右端)。

④ 再将 pH-mV 分挡开关转回"0"的位置,把指示电极从插孔中拔出来。按一下读数开关,旋转定位调节器,使电表指针对准"0 mV"(测＋mV 时,零位在左端;测－mV 时,零位在右端)。

⑤ 插入电极插头,旋转 pH-mV 分挡开关,使电表的指针指在刻度范围之内,待指针稳定时进行读数。这时,(分挡开关的读数＋电表指针的读数)×100,即为该电极系统的电位差。

⑥ 测毕,再按一下读数开关按键,使电路断开,关闭电源并把各调节器复原。

⑦ 取出电极,用蒸馏水洗净,用滤纸吸干,保存。

pHS-3C 型酸度计的结构及操作方法

pHS-3C 型酸度计是采用 LED 显示的数字式国产 pH 计。可使用复合电极或一般离子选择性电极,操作简单方便,广泛适用于测定溶液 pH 和电极电位。

仪器由 pHS-3C 主机、pH 复合电极、升降架、电极夹等组成。图 16.6 是 pHS-3C 主机的前、后面板功能示意图。

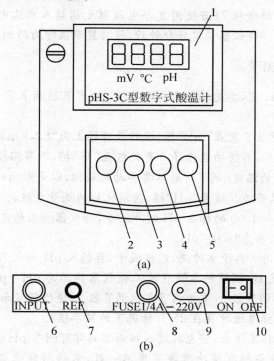

(a)

(b)

图 19.6 pHS-3C 前面板(a)和后面板(b)功能示意图

1. 显示窗口 2. 定位调节器 3. 斜率调节器 4. 温度补偿调节器 5. 功能选择
6. 输入电极插座(INPUT) 7. 参比接线柱(REF) 8. 保险丝座(FUSE1/4A)
9. 电源插座 10. 电源开关

仪器安装和使用方法如下。

(一) 使用前准备

① 把仪器平放于桌面上,旋上升降杆,固定好电极夹。
② 将已活化 24 h 的测量电极、标准缓冲液和待测溶液准备就绪。
③ 接通电源,打开电源开关 10,仪器预热 10 min,然后进行测量。

(二) mV 的测量

当需要直接测定电池电动势的毫伏值或测量−1 999～+1 999 mV 范围电压值时可在"mV"挡进行。

① 将功能选择开关 5 拨至"mV"挡,仪器则进入测量电压值(mV)状态,此时仪器定位调节器 2、斜率调节器 3 和温度补偿调节器 4 均不起作用。

② 将短路插头旋入后面板上插座 6 并旋紧,用螺丝刀调节底面板上"调零"电

位器,使仪器显示"000"(通常情况下不需要调)。

③ 旋下短路插头,将测量电极插头旋入输入插座6,并旋紧,同时将参比电极接入后面板上参比接线柱7(若使用复合电极则无须接入参比电极),并将两个电极插入被测溶液内。待仪器稳定数分钟后,仪器显示值即为所测溶液的mV值。

(三) pH 的测量①

在测量溶液 pH 前,需先对仪器进行标定,通常采用两点定位标定法,操作步骤如下:

① 功能选择开关5置在"mV"挡,操作步骤按上面"(二) mV 的测量"中的①、② 进行,仪器调零后,再将功能选择5开关拨至"℃"挡,调节温度补偿调节器4使显示器显示被测液的温度(调节好后不要再动此旋钮,以免影响精度)。

② 将功能选择开关5拨至"pH"挡,将活化后的测量电极旋于后面板输入插座6,并将它浸入 $pH_1 = 4.00$ 的标准 pH 缓冲液中,待仪器响应稳定后,调节定位调节器旋钮2,使仪器显示为"4.00"pH。

③ 取出电极,用去离子水冲洗,滤纸吸干,再插入 $pH_2 = 9.18$ 标准 pH 缓冲液中,待仪器响应稳定后,调节斜率调节器3,使仪器显示为 $pH = pH_2 - pH_1 = 5.19$,此后不要再动斜率调节器3,重新调节定位调节器2,使仪器显示 $pH_2 = 9.18$(以上所显示的 pH 均为标准缓冲液在25 ℃情况下的显示值)。

④ 至此,仪器标定结束,将电极浸入被测溶液即可测其 pH。

⑤ 若被测溶液与标准缓冲溶液温度不一致,需将功能选择开关5拨至"℃"挡,调节温度补偿调节器4使显示值为试液温度值,即可测量。

---

① 如果测量 pH 精度要求较高时,请注意修正标准缓冲液在当时温度下的 pH。

实验二十　氨基酸和无机盐的纸层析分离

一、实验目的

熟悉纸层析分离的操作技术。

二、实验原理

纸层析分离法又称纸上色层分离法，简称 PC(paper chromatography)，是以滤纸作载体的色谱分离方法。试液在滤纸上点样后，用有机溶剂进行展开，由于各组分在固定相(滤纸吸收的水分生成的水合纤维素配合物)和流动相(展开剂)之间的分配系数不同，吸附情况也不同，从而达到各组分分离的目的。各组分的比移值 R_f 等于：

$$R_f = \frac{\text{原点至斑点中心间距离}}{\text{原点至溶剂前沿的距离}}$$

在相同条件下，物质的 R_f 值是一定的，因此 R_f 值可以进行定性鉴定。如要进行定量测定，可将分离后的滤纸分断剪下斑点灰化，溶解后用适当方法(如比色法)测其含量。

本实验用正丁醇：冰醋酸：水＝4：1：2 为展开剂，以分离半胱氨酸、甘氨酸、色氨酸混合溶液。实验表明：色氨酸上移最快，其次是甘氨酸，最小是半胱氨酸。展开后用茚三酮溶液显色，滤纸上出现 3 种氨基酸的斑点。

本实验用纸上色谱法分离与鉴定溶液中的 Cu^{2+}、Fe^{3+}、Co^{2+} 和 Ni^{2+}。

在吸有溶剂的滤纸(固定相)和由于毛细管作用而顺着滤纸上移的溶剂(流动相)之间，每种离子各有一定的分配关系，犹如在两相之间的萃取那样。如果以一段时间后溶剂向上移动的距离为 1，由于固定相的作用，离子均达不到这一高度，只能得到小于 1 的一个值 R_f。各种离子的 R_f 值不同，从而可以分离这些离子，进一步鉴定它们。

三、实验用品

仪器：

层析筒(可用 100 mL 量筒代替)、毛细滴管、喷雾器、层析滤纸(新华中速色层纸，裁成 25 cm ×1.5 cm 的条状和 7.5 cm×11 cm 色层滤纸 1 张)。广口瓶(500 mL) 2 个，量筒(100 mL)，烧杯(50 mL 5 个，500 mL 1 个)，镊子，点滴板，搪瓷盘(30 cm ×50 cm)，小刷子，普通滤纸 1 张，毛细管 5 根。

药品：

正丁醇：冰醋酸：水＝4：1：2，0.2%的茚三酮溶液，半胱氨酸、甘氨酸、色氨酸混合溶液，各为 5 mg/mL，HCl 溶液（浓），$NH_3 \cdot H_2O$（浓），$FeCl_3$（0.1 mol/L），$CoCl_2$（1.0 mol/L），$NiCl_2$（1.0 mol/L），$CuCl_2$（1.0 mol/L），$K_4[Fe(CN)_6]$（0.1 mol/L），$K_3[Fe(CN)_6]$（0.1 mol/L），丙酮，丁二酮肟。

四、实验内容

（一）氨基酸的纸层析分离

1. 点样

取已裁好的滤纸一条，在距离一端 2 cm 处用铅笔记一个"×"号，用毛细滴管移取半胱氨酸、甘氨酸、色氨酸混合试液，小心地点在"×"处（称为原点），干后再点第二次，反复点几次，点样后原点扩散直径以不超过 2 mm 为宜，风干，将滤纸悬挂在橡皮塞下面的铁丝钩上。

2. 展开

在干燥的层析筒中加入 10 mL 展开剂，放入滤纸条，塞紧橡皮塞，使滤纸一端的空白部分浸入展开剂中约 0.5 cm，开始进行展开。当展开剂扩散上升到距滤纸顶端 2 cm 时，取出滤纸条，用铅笔在展开剂前沿处划一条前沿线，在空气中晾干。

3. 显色

用喷雾器将 0.2%茚三酮溶液均匀地喷在滤纸条上，置纸条于烘箱（90～100 ℃）中烘干（约 10 min 即可取出），滤纸上出现 3 种氨基酸的斑点，计算这 3 种氨基酸的 R_f 值，以鉴定各种氨基酸。

表 20.1 为氨基酸在溶剂为正丁醇：冰醋酸：水＝4：1：2 时的 R_f 值。

表 20.1 几种氨基酸在溶剂为正丁醇：冰醋酸：水＝4：1：2 时的 R_f 值

氨基酸	R_f	氨基酸	R_f
丙氨酸	0.38	谷氨酸	0.30
门冬氨酸	0.24	甘氨酸	0.26
半胱氨酸	0.07	色氨酸	0.50

因 R_f 值可随溶剂的性质、滤纸的质地、展开的时间及方法等不同而有所改变，故以上几种氨基酸的 R_f 值仅供参考。

（二）无机盐的纸层析分离

1. 准备工作

① 在一个 500 mL 广口瓶中加入 17 mL 丙酮、2 mL 浓 HCl 及 1 mL 去离子水，配制成展开液，盖好瓶盖。

② 在另一个 500 mL 广口瓶中放入一个盛浓 $NH_3 \cdot H_2O$ 的开口小滴瓶，盖好广口瓶。

③ 在长 11 cm、宽 7.5 cm 的滤纸上，用铅笔画 4 条间隔为 1.5 cm 的竖线平行于长边，在纸条上端 1 cm 处和下端 2 cm 处各画出一条横线，在纸条上端画好的各小方格内标出 Fe^{3+}、Co^{2+}、Ni^{2+}、Cu^{2+}、未知液等 5 种样品的名称。最后按 4 条竖线折叠成五棱柱体。

④ 在 5 个干净、干燥的烧杯中分别滴几滴 0.1 mol/L $FeCl_3$ 溶液、1.0 mol/L $CoCl_2$ 溶液、1.0 mol/L $NiCl_2$ 溶液、1.0 mol/L $CuCl_2$ 溶液及未知液（未知液是由前 4 种溶液中任选几种，以等体积混合而成的）。再各放入 1 支毛细管。

2. 加样

① 加样练习：取一片普通滤纸做练习用。用毛细管吸取溶液后垂直触到滤纸上，当滤纸上形成直径为 0.3～0.5 cm 的圆形斑点时，立即提起毛细管。反复练习几次，直到能做出直径小于或接近 0.5 cm 的斑点为止。

② 按所标明的样品名称，在滤纸下端横线上分别加样。将加样后的滤纸置于通风处晾干。

3. 展开

按滤纸上的折痕重新折叠一次。用镊子将滤纸五棱柱体垂直放入盛有展开液的广口瓶中，盖好瓶盖，观察各种离子在滤纸上展开的速度及颜色。当溶剂前沿接近纸上端横线时，用镊子将滤纸取出，用铅笔标记出溶剂前沿的位置，然后放入大烧杯中，于通风处晾干。

（1）斑点显色

当离子斑点无色或颜色较浅时，常需要加上显色剂，使离子斑点呈现出特征的颜色。以上 4 种离子可采用下面两种方法显色：

① 将滤纸置于充满氨气的广口瓶上，5 min 后取出滤纸，观察并记录斑点的颜色。其中 Ni^{2+} 的颜色较浅，可用小刷子蘸取丁二酮肟溶液快速涂抹，记录 Ni^{2+} 所形成斑点的颜色。

② 将滤纸放在搪瓷盘中，用喉头喷雾器向纸上喷洒 0.1 mol/L $K_3[Fe(CN)_6]$ 溶液与 0.1 mol/L $K_4[Fe(CN)_6]$ 溶液的等体积混合液，观察并记录斑点的颜色。

（2）确定未知液中含有的离子

观察未知液在纸上形成斑点的数量、颜色和位置，分别与已知离子斑点的颜色、位置相对照，便可以确定未知液中含有哪几种离子。

（3）R_f 值的测定

用尺分别测量溶剂移动的距离和离子移动的距离，然后计算出 4 种离子的 R_f 值。

五、数据记录与处理

① 展开液的组成（体积比）。

丙酮：盐酸（浓）：水＝_____。

② 已知离子斑点的颜色和 R_f 值（表 20.2）。

表 20.2

		Fe^{3+}	Co^{2+}	Ni^{2+}	Cu^{2+}
斑点颜色	$K_3[Fe(CN)_6]+K_4[Fe(CN)_6]$				
	$NH_3(g)$				
	展开液移动的距离 b(cm)				
	离子移动的距离 a(cm)				
	$R_f=a/b$				

③ 未知液中含有的离子为_____。

实验二十一　锡、铅、锑、铋

一、实验目的

① 掌握锡、铅、锑、铋氢氧化物的酸碱性。
② 掌握锡(II)、锑(III)、铋(III)盐的水解性。
③ 掌握锡(II)的还原性和铅(IV)、铋(V)的氧化性。
④ 掌握锡、铅、锑、铋硫化物的溶解性。
⑤ 掌握 Sn^{2+}、Pb^{2+}、Sb^{3+}、Bi^{3+} 的鉴定方法。

二、实验原理

锡、铅是周期系ⅣA族元素，其原子的价层电子构型为 ns^2np^2，它们能形成氧化值为 $+2$ 和 $+4$ 的化合物。

锑、铋是周期系第ⅤA族元素，其原子的价层电子构型为 ns^2np^3，它们能形成氧化值为 $+3$ 和 $+5$ 的化合物。

$Sn(OH)_2$、$Pb(OH)_2$、$Sb(OH)_3$ 都是两性氢氧化物，$Bi(OH)_3$ 呈碱性，α-H_2SnO_3 既能溶于酸，也能溶于碱，而 β-H_2SnO_3 既不溶于酸，也不溶于碱。

Sn^{2+}、Sb^{3+}、Bi^{3+} 在水溶液中发生显著的水解反应，加入相应的酸可以抑制它们的水解。

$Sn(\text{II})$ 的化合物具有较强的还原性。Sn^{2+} 与 $HgCl_2$ 可用于鉴定 Sn^{2+} 或 Hg^{2+}；碱性溶液中 $[Sn(OH)_4]^{2-}$（或 SnO_2^{2-}）与 Bi^{3+} 反应可用于鉴定 Bi^{3+}。$Pb(\text{IV})$ 和 $Bi(\text{V})$ 的化合物都具有强氧化性。PbO_2 和 $NaBiO_3$ 都是强氧化剂，在酸性溶液中它们都能将 Mn^{2+} 氧化为 MnO_4^-。Sb^{3+} 可以被 Sn 还原为单质 Sb，这一反应可用于鉴定 Sb^{3+}。

SnS、SnS_2、PbS、Sb_2S_3、Bi_2S_3 都难溶于水和稀盐酸，但能溶于较浓的盐酸。SnS_2 和 Sb_2S_3 还能溶于 $NaOH$ 溶液或 Na_2S 溶液。$Sn(\text{IV})$ 和 $Sb(\text{III})$ 的硫代酸盐遇酸分解为 H_2S 和相应的硫化物沉淀。

铅的许多盐难溶于水。$PbCl_2$ 在冷水中溶解度小，但能溶于热水中。$PbSO_4$ 能溶于醋酸铵溶液生成 $Pb(Ac)_2$。利用 Pb^{2+} 和 CrO_2^{4-} 生成 $PbCrO_4$ 的反应可以鉴定 Pb^{2+}。$PbCrO_4$ 能溶于过量的 $NaOH$ 溶液，也能溶于浓 HNO_3：

$$2PbCrO_4 + 2H^+ \longrightarrow 2Pb^{2+} + Cr_2O_7^{2-} + H_2O$$

三、实验用品

仪器：

离心机、点滴板。

药品：

HCl 溶液（2 mol/L、6 mol/L）、HNO₃（2 mol/L、6 mol/L，浓）、H₂S（饱和）、NaOH（2 mol/L、6 mol/L）、SnCl₂（0.1 mol/L）、Pb(NO₃)₂（0.1 mol/L）、SnCl₄（0.2 mol/L）、SbCl₃（0.1 mol/L、0.5 mol/L）、BiCl₃（0.1 mol/L）、Bi(NO₃)₃（0.1 mol/L）、HgCl₂（0.1 mol/L）、MnSO₄（0.1 mol/L）、Na₂S（0.1 mol/L、0.5 mol/L）、KI（0.1 mol/L）、K₂CrO₄（0.1 mol/L）、AgNO₃（0.1 mol/L）、NH₄Ac（饱和）、锡粒、锡片、SnCl₂·6H₂O(s)、PbO₂(s)、NaBiO₃(s)。

材料：

淀粉-KI 试纸。

四、实验内容

（一）锡、铅、锑、铋氢氧化物的酸碱性

制取少量 $Sn(OH)_2$、$\alpha\text{-}H_2SnO_3$、$Pb(OH)_2$、$Sb(OH)_3$、$Bi(OH)_3$ 沉淀，观察其颜色，并选择适当的试剂分别试验它们的酸碱性。写出具体的实验步骤及有关的反应方程式。

（二）Sn(Ⅱ)、Sb(Ⅲ)和 Bi(Ⅲ)盐的水解性

① 取少量 $SnCl_2·6H_2O$ 晶体放入试管中，加入 1～2 mL 去离子水，观察现象。写出有关的反应方程式。

② 取少量 0.1 mol/L $SbCl_3$ 溶液和 0.1 mol/L $BiCl_3$ 溶液，分别加水稀释，观察现象。再分别加入 6 mol/L HCl 溶液，观察有何变化。写出有关的反应方程式。

（三）锡、铅、锑、铋化合物的氧化还原性

1. Sn(Ⅱ)的还原性

① 取少量（1～2 滴）0.1 mol/L $HgCl_2$ 溶液，逐滴加入 0.1 mol/L $SnCl_2$ 溶液，观察现象。写出反应方程式。

② 制取少量 $Na_2[Sn(OH)_4]$ 溶液，然后滴加 0.1 mol/L $BiCl_3$ 溶液，观察现象。写出反应方程式。

2. PbO₂的氧化性

取少量 PbO₂固体，加入 6 mol/L HNO₃溶液和 1 滴 0.1 mol/L $MnSO_4$ 溶液，微热后静置片刻，观察现象。写出反应方程式。

3. Sb(Ⅲ)的氧化还原性

在点滴板上放一小块光亮的锡片,然后加 1 滴 0.1 mol/L SbCl$_3$ 溶液,观察锡片表面的变化。写出反应方程式。

4. NaBiO$_3$ 的氧化性

取 2 滴 0.1 mol/L MnSO$_4$ 溶液,加入 1 mL 6 mol/L HNO$_3$ 溶液,再加入少量固体 NaBiO$_3$,微热,观察现象。写出离子反应方程式。

(四)锡、铅、锑、铋硫化物的生成与溶解

① 在两支试管中各加入 1 滴 0.1 mol/L SnCl$_2$ 溶液,加入饱和 H$_2$S 溶液,观察现象。离心分离,弃去清液。再分别加入 6 mol/L HCl 溶液、0.1 mol/L Na$_2$S$_x$ 溶液,观察现象。写出有关的离子反应方程式。

② 制取两份 PbS 沉淀,观察颜色,分别加入 6 mol/L HCl 溶液和 6 mol/L HNO$_3$ 溶液,观察现象。写出有关的离子反应方程式。

③ 制取 3 份 SnS$_2$ 沉淀,观察颜色,分别加入浓盐酸、2 mol/L NaOH 溶液和 0.1 mol/L Na$_2$S 溶液,观察现象。写出有关的离子反应方程式。在 SnS$_2$ 与 Na$_2$S 反应的溶液中加入 2 mol/L HCl 溶液,观察现象。写出有关的离子反应方程式。

④ 制取 3 份 Sb$_2$S$_3$ 沉淀,观察颜色,分别加入 6 mol/L HCl 溶液、2 mol/L NaOH 溶液、0.5 mol/L Na$_2$S 溶液,观察现象。在 Sb$_2$S$_3$ 与 Na$_2$S 反应的溶液中加入 2 mol/L HCl 溶液,观察有何变化。写出有关的离子反应方程式。

⑤ 制取 Bi$_2$S$_3$ 沉淀,观察其颜色,加入 6 mol/L HCl 溶液,观察有何变化。写出有关的离子反应方程式。

(五)铅(Ⅱ)难溶盐的生成与溶解

① 制取少量 PbCl$_2$ 沉淀,观察其颜色,并分别试验其在热水和浓盐酸中的溶解情况。写出反应方程式。

② 制取少量 PbSO$_4$ 沉淀,观察其颜色,试验其在饱和 NH$_4$Ac 溶液中的溶解情况。写出反应方程式。

③ 制取少量 PbCrO$_4$ 沉淀,观察其颜色,分别试验其在浓 HNO$_3$ 和 6 mol/L NaOH 溶液中的溶解情况。写出反应方程式。

(六)Sn^{2+} 与 Pb^{2+} 的鉴别

有 A 和 B 两种溶液,一种含有 Sn^{2+},另一种含有 Pb^{2+}。试根据它们的特征反应设计实验方法加以区分。写出结论及反应方程式。

（七）Sb^{3+} 与 Bi^{3+} 的分离与鉴定

取 $0.1\ mol/L\ SbCl_3$ 溶液和 $0.1\ mol/L\ BiCl_3$ 溶液各 3 滴，混合后设计方法加以分离和鉴定。图示分离、鉴定步骤，写出现象和有关的离子反应方程式。

五、思考题

① 检验 $Pb(OH)_2$ 碱性时，应该用什么酸？为什么不能用稀盐酸或稀硫酸？

② 怎样制取亚锡酸钠溶液？

③ 用 PbO_2 和 $MnSO_4$ 溶液反应时为什么用硝酸酸化而不用盐酸酸化？

④ 配制 $SnCl_2$ 溶液时，为什么要加入盐酸和锡粒？

⑤ 比较锡、铅氢氧化物的酸碱性；比较锑、铋氢氧化物的酸碱性。

⑥ 比较锡、铅化合物的氧化还原性；比较锑、铋化合物的氧化还原性。

⑦ 总结锡、铅、锑、铋硫化物的溶解性，说明它们与相应的氢氧化物的酸碱性有何联系。

⑧ 在含 Sn^{2+} 的溶液中加入 CrO_4^{2-} 会发生什么反应？

实验二十二　葡萄糖含量的测定
（碘量法）

一、实验目的

① 学会间接碘量法测定葡萄糖含量的方法和原理，进一步掌握返滴定法技能。

② 学会 I_2 标准溶液的配制与标定。

③ 进一步熟悉酸式、碱式滴定管的操作，掌握有色溶液滴定时体积的正确读法。

二、实验原理

I_2 与 NaOH 作用可生成次碘酸钠（NaIO），次碘酸钠可将葡萄糖（$C_6H_{12}O_6$）分子中的醛基定量地氧化为羧基。未与葡萄糖作用的次碘酸钠在碱性溶液中歧化生成 NaI 和 $NaIO_3$，当酸化时 $NaIO_3$ 又恢复成 I_2 析出，用 $Na_2S_2O_3$ 标准溶液滴定析出的 I_2，从而可计算出葡萄糖的含量。涉及的反应如下。

（一）I_2 与 NaOH 作用生成 NaIO 和 NaI

$$I_2 + 2OH^- \rightleftharpoons IO^- + I^- + H_2O$$

（二）$C_6H_{12}O_6$ 和 NaIO 定量作用

$$C_6H_{12}O_6 + IO^- \rightleftharpoons C_6H_{12}O_7 + I^-$$

总反应式为

$$I_2 + C_6H_{12}O_6 + 2OH^- \rightleftharpoons C_6H_{12}O_7 + 2I^- + H_2O$$

（三）未与葡萄糖作用的 NaIO 在碱性溶液中歧化成 NaI 和 $NaIO_3$

$$3IO^- \rightleftharpoons IO_3^- + 2I^-$$

（四）在酸性条件下，$NaIO_3$ 又恢复成 I_2 析出

$$IO_3^- + 5I^- + 6H^+ \rightleftharpoons 3I_2 + 3H_2O$$

（五）用 $Na_2S_2O_3$ 滴定析出的 I_2

$$I_2 + 2S_2O_3^{2-} \rightleftharpoons S_4O_6^{2-} + 2I^-$$

因为 1 mol 葡萄糖正好与 1 mol I_2 作用，而 1 mol IO^- 可产生 1 mol I_2，从而可

以测定葡萄糖的含量。

三、实验用品

仪器：

分析天平、台秤、烧杯、酸式滴定管、碱式滴定管、容量瓶(250 mL)、移液管(25 mL)、锥形瓶(250 mL)、碘量瓶(250 mL)。

药品：

I_2(s)(AR)、KI(s)(AR)、$Na_2S_2O_3$(s)(AR)、Na_2CO_3(s)(AR)、$K_2Cr_2O_7$(s)(AR,于140 ℃电烘箱中干燥2 h,贮于干燥器中备用)、KI(20%)、HCl(6 mol/L)、淀粉溶液(0.5%)、NaOH(2 mol/L)、葡萄糖试样(0.05%)。

四、实验内容

(一) 0.05 mol/L I_2 标准溶液的配制

在台秤上称取碘(预先磨细)3.2 g,碘化钾6 g,放入250 mL烧杯中,加去离子水约20 mL,用玻璃棒充分搅拌使I_2完全溶解后,用去离子水稀释至250 mL,混匀后贮存于棕色细口瓶中,放置暗处。实验时为简便起见,亦可按下述步骤进行:吸取已知准确浓度的0.5 mol/L I_2标准溶液25.00 mL,稀释定容至250 mL,或浓度约0.5 mol/L I_2溶液40 mL,稀释至400 mL后标定。

(二) 0.05 mol/L I_2 溶液的标定

① 0.1 mol/L $Na_2S_2O_3$ 标准溶液的配制与标定。

② I_2 溶液与 $Na_2S_2O_3$ 标准溶液的比较滴定。

从碱式滴定管中放出25.00 mL $Na_2S_2O_3$标准溶液于250 mL锥形瓶中,加入50 mL去离子水、2 mL 0.5%淀粉溶液,用待标定的碘溶液滴定溶液呈蓝色半分钟不褪,即为终点。平行测定3次,由$Na_2S_2O_3$的浓度和I_2与$Na_2S_2O_3$溶液的体积比,计算出I_2溶液的浓度。

(三) 葡萄糖含量的测定

移取25.00 mL葡萄糖试液于碘量瓶中,从酸式滴定管中加入25.00 mL I_2标准溶液。一边摇动,一边缓慢加入2 mol/L NaOH溶液,直至溶液呈浅黄色。将碘量瓶加塞放置10~15 min后,加2 mL 6 mol/L HCl使成酸性,立即用$Na_2S_2O_3$溶液滴定至溶液呈淡黄色时,加入2 mL淀粉指示剂,继续滴定蓝色消失即为终点。平行测定3次,计算试样中葡萄糖的含量(以g/L表示),要求相对平均偏差小于0.3%。

五、注意事项

① 一定要待 I_2 完全溶解后再转移。做完实验后,剩余的 I_2 溶液应倒入回收瓶中。

② 碘易受有机物的影响,不可使用软木塞、橡皮塞,并应贮存于棕色瓶内避光保存。配制和装液时应戴上手套。I_2 溶液不能装在碱式滴定管中。

③ 本方法可视作葡萄糖注射液中葡萄糖含量的测定。测定时可视注射液的浓度将其适当稀释。

④ 无碘量瓶时可用锥形瓶盖上表面皿代替。

⑤ 加 NaOH 的速度不能过快,否则过量 NaIO 来不及氧化 $C_6H_{12}O_6$ 就歧化成 $NaIO_3$ 和 NaI,使测定结果偏低。

六、思考题

① 配制 I_2 溶液时加入过量 KI 的作用是什么?将称得的 I_2 和 KI 一起加水到一定体积是否可以?

② I_2 溶液应装入何式滴定管中?为什么?装入滴定管后弯月面看不清,应如何读数?

③ 加入 NaOH 速度过快,会产生什么后果?

④ I_2 溶液浓度的标定和葡萄糖含量的测定中均用到淀粉指示剂,各步骤中淀粉指示剂加入的时机有什么不同?

实验二十三　酸碱反应与缓冲溶液

一、实验目的

① 进一步理解和巩固酸碱反应的有关概念和原理(同离子效应盐类水解及其影响因素)。

② 学习试管实验的一些基本操作。

③ 学习缓冲溶液的配制及其 pH 的测定,了解缓冲溶液的缓冲性能。

④ 学习酸度计的使用方法。

二、实验原理

(一) 同离子效应

强电解质在水中全部解离,弱电解质在水中部分解离。在一定温度下,弱酸弱碱的解离平衡如下:

$$HA(aq) + H_2O(l) \Longrightarrow H_3O^+(aq) + A^-(aq)$$

$$B(aq) + H_2O(l) \Longrightarrow BH^+(aq) + OH^-(aq)$$

在弱电解质溶液中,加入与弱电解质含有相同离子的强电解质,解离平衡向生成弱电解质的方向移动,使弱电解质的解离度下降。这种现象称为同离子效应。

(二) 盐类水解

强酸、强碱盐在水中不水解。强酸弱碱盐(如 NH_4Cl)水解溶液显酸性,强碱弱酸盐(如 NaAc)水解溶液显碱性。弱酸弱碱盐(如 NH_4Ac)水解溶液的酸碱性取决于弱酸、弱碱的相对强弱。例如:

$$Ac^-(aq) + H_2O(l) \Longrightarrow HAc(aq) + OH^-(aq)$$

$$NH_4^+(aq) + Ac^-(aq) + H_2O(l) \Longrightarrow NH_3 \cdot H_2O(aq) + HAc(aq)$$

水解反应是酸碱中和反应的逆反应。中和反应是放热反应,水解反应是吸热反应。因此升高温度有利于盐类的水解。

(三) 缓冲溶液

由弱酸(或弱碱)与弱酸(或弱碱)盐(如 HAc-NaAc、$NH_3 \cdot H_2O-NH_4Cl$、$H_3PO_4-NaH_2PO_4$、$NaH_2PO_4-Na_2HPO_4$、$Na_2HPO_4-Na_3PO_4$ 等)组成的溶液具有保持溶液 pH 相对稳定的性质,这类溶液称为缓冲溶液。

由弱酸弱碱盐组成的缓冲溶液的 pH 可用下式计算：

$$pH = pK_a^{\ominus}(HA) - \lg \frac{c(HA)}{c(A^-)}$$

由弱酸弱碱盐组成的缓冲溶液的 pH 可用下式计算：

$$pH = 14.00 - pK_b^{\ominus}(B) + \lg \frac{c(B)}{c(BH^+)}$$

缓冲溶液的 pH 可以用 pH 试纸来测定。

缓冲溶液的缓冲能力与组成溶液的弱酸(或弱碱)及其共轭碱(或酸)的浓度有关,当弱碱(或弱酸)与它的共轭碱(或酸)浓度较大时,其缓冲溶液能力较强。此外,缓冲能力还与 $c(HA)/c(A^-)$ 或 $c(B)/c(BH^+)$ 有关。当比值接近 1 时,其缓冲能力最强。此值通常选在 0.1～10 范围内。

三、实验用品

仪器：

pHS-2C 型(或其他型号)酸度计、量筒(10 mL)5 个、烧杯(50 mL)4 个、点滴板、试管、试管架、石棉网、煤气灯。

药品：

HCl 溶液(0.1 mol/L、2 mol/L)、HAc(0.1 mol/L、1 mol/L)、NaOH(0.1 mol/L)、$NH_3 \cdot H_2O$(0.1 mol/L、1 mol/L)、NaCl(0.1 mol/L)、Na_2CO_3(0.1 mol/L)、NH_4Cl(0.1 mol/L、1 mol/L)、NaAc(1.0 mol/L)、NH_4Ac(s)、$BiCl_3$(0.1 mol/L)、$CrCl_3$(0.1 mol/L)、$Fe(NO_3)_3$(0.5 mol/L)、酚酞,甲基橙,未知液 A、B、C、D。

材料：

pH 试纸。

四、实验内容

(一) 同离子效应

① 用 pH 试纸、酚酞试剂测定和检查 0.1 mol/L $NH_3 \cdot H_2O$ 的 pH 及其酸碱性；再加入少量 NH_4Ac(s),观察现象,写出反应方程式,并简要解释。

② 用 0.1 mol/L HAc 溶液代替 0.1 mol/L $NH_3 \cdot H_2O$,用甲基橙代替酚酞,重复实验①。

(二) 盐类的水解

① A、B、C、D 是四种失去标签的盐溶液,只知它们是 0.1 mol/L 的 NaCl、NaAc、NH_4Cl、Na_2CO_3 溶液,试通过测定其 pH 并结合理论计算确定 A、B、C、D 各为何物。

② 在常温和加热情况下试验 0.5 mol/L Fe(NO₃)₃ 溶液的水解情况,观察现象。

③ 在 3 mL H₂O 中加 1 滴 0.1 mol/L BiCl₃ 溶液,观察现象。再滴加 2 mol/L HCl 溶液,观察有何变化,写出离子方程式。

④ 在试管中加入 2 滴 0.1 mol/L CrCl₃ 溶液和 3 滴 0.1 mol/L Na₂CO₃ 溶液,观察现象,写出反应方程式。

(三) 缓冲溶液

① 按表 23.1 中试剂用量配制 4 种缓冲溶液,并用 pH 计分别测定其 pH,与计算值进行比较。

表 23.1 几种缓冲溶液的 pH

编号	配制缓冲溶液(用量筒取)	pH 计算值	pH 测定值
1	10.0 mL 1 mol/L HAc 溶液-10 mL 1 mol/L NaAc 溶液		
2	10.0 mL 0.1 mol/L HAc 溶液-10 mL 1 mol/L NaAc 溶液		
3	10.0 mL 1 mol/L HAc 中加入 2 滴酚酞,滴加 0.1 mol/L NaOH 溶液至酚酞变红,半分钟不消失,再加入 10.0 mol/L HAc 溶液		
4	10.0 mL 1 mol/L NH₃ · H₂O-10 mL 1 mol/L NH₄Cl 溶液		

② 在 1 号缓冲溶液中加入 0.5 mL(约 10 滴)0.1 mol/L HCl 溶液,摇匀,用 pH 计测其 pH;再加入 1 mL(约 20 滴)0.1 mol/L NaOH 溶液,摇匀,测定其 pH,并与计算值比较。

五、思考题

① 如何配制 SnCl₂ 溶液、SbCl₃ 溶液和 Bi(NO₃)₃ 溶液? 写出其水解反应的离子方程式。

② 影响盐类水解的因素有哪些?

③ 缓冲溶液的 pH 由哪些因素决定? 其中主要的决定因素是什么?

实验二十四　铜、银、锌、汞

一、实验目的

① 了解铜、银、锌、汞氧化物或氢氧化物的酸碱性，以及硫化物的溶解性。

② 掌握铜（Ⅰ）、铜（Ⅱ）重要化合物的性质和相互转化条件。

③ 试验并熟悉铜、银、锌、汞的配位能力，以及 Hg_2^{2+} 和 Hg^{2+} 的转化。

二、实验原理

铜和银是周期系第ⅠB族元素，价层电子构型分别为 $3d^{10}4s^1$ 和 $4d^{10}5s^1$。铜的重要氧化值为 $+1$ 和 $+2$，银主要形成氧化值为 $+1$ 的化合物。

锌、镉、汞是周期系第ⅡB族元素，价层电子构型为 $(n-1)d^{10}ns^2$，它们都形成氧化值为 $+2$ 的化合物，汞还能形成氧化值为 $+1$ 的化合物。

$Zn(OH)_2$ 是两性氢氧化物。$Cu(OH)_2$ 两性偏碱，能溶于较浓的 $NaOH$ 溶液。$Cu(OH)_2$ 的热稳定性差，受热分解为 CuO 和 H_2O。$Cd(OH)_2$ 是碱性氢氧化物。$AgOH$、$Hg(OH)_2$、$Hg_2(OH)_2$ 都很不稳定，极易脱水变成相应的氧化物，而 Hg_2O 也不稳定，易歧化为 HgO 和 Hg。

某些 $Cu(Ⅱ)$、$Ag(Ⅰ)$、$Hg(Ⅱ)$ 化合物具有一定的氧化性。例如，Cu^{2+} 能与 I^- 反应生成 CuI 和 I_2；$[Cu(OH)_4]^{2-}$ 和 $[Ag(NH_3)_2]^+$ 都能被醛类或某些糖类还原，分别生成 Ag 和 Cu_2O；$HgCl_2$ 与 $SnCl_2$ 反应用于 Hg^{2+} 或 Sn^{2+} 的鉴定。

水溶液中的 Cu^+ 不稳定，易歧化为 Cu^{2+} 和 Cu。$CuCl$ 和 CuI 等 $Cu(Ⅰ)$ 的卤化物难溶于水，通过加合反应可分别生成相应的配离子 $[CuCl_2]^-$ 和 $[CuI_2]^-$ 等，它们在水溶液中较稳定。$CuCl_2$ 溶液与铜屑及浓 HCl 混合后加热可制得 $[CuCl_2]^-$，加水稀释时会析出 $CuCl$ 沉淀。

Cu^{2+} 与 $K_4[Fe(CN)_6]$ 在中性或弱酸性溶液中反应，生成红棕色的 $Cu_2[Fe(CN)_6]$ 沉淀，此反应用于鉴定 Cu^{2+}。

Ag^+ 与稀 HCl 反应生成 $AgCl$ 沉淀，$AgCl$ 溶于 $NH_3 \cdot H_2O$ 溶液生成 $[Ag(NH_3)_2]^+$，再加入稀 HNO_3 又生成 $AgCl$ 沉淀，或加入 KI 溶液生成 AgI 沉淀。利用这一系列反应可以鉴定 Ag^+。当加入相应的试剂时，还可实现 $[Ag(NH_3)_2]^+$、$AgBr(s)$、$[Ag(S_2O_3)_2]^{3-}$、$AgI(s)$、$[Ag(CN)_2]^-$、$Ag_2S(s)$ 的依次转化。$AgCl$、$AgBr$、AgI 等也能通过加合反应分别生成 $[AgCl_2]^-$、$[AgBr_2]^-$、$[AgI_2]^-$ 等配离子。

Cu^{2+}、Ag^+、Zn^{2+}、Cd^{2+}、Hg^{2+} 与饱和 H_2S 溶液反应都能生成相应的硫化物。ZnS 能溶于稀 HCl。CdS 不溶于稀 HCl，但能溶于浓 HCl。利用黄色 CdS 的生成

反应可以鉴定 Cd^{2+}。CuS 和 Ag_2S 溶于浓 HNO_3。HgS 溶于王水。

Cu^{2+}、Cu^+、Ag^+、Zn^{2+}、Cd^{2+}、Hg^{2+} 都能形成氨合物。$[Cu(NH_3)_2]^+$ 是无色的,易被空气中的 O_2 氧化为深蓝色的 $[Cu(NH_3)_4]^{2+}$。Cu^{2+}、Ag^+、Zn^{2+}、Cd^{2+}、Hg^{2+} 与适量氨水反应生成氢氧化物、氧化物或碱性盐沉淀,而后溶于过量的氨水(有的需要有 NH_4Cl 存在)。

Hg_2^{2+} 在水溶液中较稳定,不易歧化为 Hg^{2+} 和 Hg。但 Hg_2^{2+} 与氨水、饱和 H_2S 或 KI 溶液反应生成的 Hg(Ⅰ)化合物都能歧化为 Hg(Ⅱ)化合物和 Hg。例如:Hg_2^{2+} 与 I^- 反应先生成 Hg_2I_2,当 I^- 过量时则生成 $[HgI_4]^{2-}$ 和 Hg。

在碱性条件下,Zn^{2+} 与二苯硫腙反应形成粉红色的螯合物,此反应用于鉴定 Zn^{2+}。

三、实验用品

仪器:

试管、烧杯、量筒、离心机、抽滤瓶、布氏漏斗。

药品:

碘化钾、铜屑、NaOH(2 mol/L(新配)、6 mol/L,40%)、KOH(40%)、氨水(2 mol/L,浓)、H_2SO_4(2 mol/L)、HNO_3(2 mol/L)、HCl(2 mol/L,浓)、HAc(2 mol/L,10%)、$CuSO_4$(0.2 mol/L)、$CuCl_2$(0.5 mol/L)、$AgNO_3$(0.1 mol/L)、KI(0.2 mol/L)、$Na_2S_2O_3$(0.5 mol/L)、KSCN(0.1 mol/L)、$ZnSO_4$(0.2 mol/L)、$CdSO_4$(0.2 mol/L)、$Hg(NO_3)_2$(0.2 mol/L)、$HgCl_2$(0.2 mol/L)、$SnCl_2$(0.2 mol/L)、NaCl(0.2 mol/L)、Na_2S(1 mol/L)、金属汞、葡萄糖溶液(10%)。

四、实验内容

(一) 铜、银、锌、汞氢氧化物和氧化物的生成和性质

1. 铜、锌氢氧化物的生成和性质

向两支试管中分别加入 5 滴 0.2 mol/L $CuSO_4$、$ZnSO_4$ 溶液,滴加新配制的 2 mol/L NaOH 溶液,观察溶液的颜色和状态。将生成的沉淀和溶液摇荡均匀后分为两份,一份滴加 2 mol/L H_2SO_4 溶液,另一份滴入过量的 2 mol/L NaOH 溶液,观察有何现象。写出反应方程式。

2. 银、汞氧化物的生成和性质

(1) 氧化银的生成和性质

取 5 滴 0.1 mol/L $AgNO_3$ 溶液,慢慢滴加新配制的 2 mol/L NaOH 溶液,振荡,观察 Ag_2O(为什么不是 AgOH?)的颜色和状态。洗涤并离心分离沉淀,将沉淀分成两份,分别与 2 mol/L HNO_3 溶液和 2 mol/L 氨水反应,观察现象,并写出

反应方程式。

（2）氧化汞的生成和性质

取 0.5 mL 0.2 mol/L $Hg(NO_3)_2$ 溶液，慢慢滴入新配制的 2 mol/L NaOH 溶液，振荡，观察溶液的颜色和状态。将沉淀分成两份，分别与 2 mol/L HNO_3 和 40%NaOH 溶液反应，观察现象，并写出反应方程式。

（二）锌、汞硫化物的生成和性质

往盛有 0.5 mL 0.2 mol/L 硫酸锌、0.2 mol/L 硝酸汞溶液的试管中，分别滴入 1 mol/L 硫化钠溶液，观察沉淀的生成和颜色。

将沉淀离心分离、洗涤，然后将每种沉淀分成三份：一份加入 2 mol/L 盐酸，另一份加入浓盐酸，再一份加入王水（自配，$V(HCl) : V(HNO_3) = 3 : 1$），水浴加热，观察沉淀溶解情况。

根据实验现象并查阅有关数据，对铜、银、锌、汞硫化物的溶解情况做出结论。写出反应方程式。

（三）铜、银、锌、汞的配合物

1. 氨合物的生成

往 4 支分别盛有 5 滴 0.2 mol/L $CuSO_4$、$AgNO_3$、$ZnSO_4$、$HgCl_2$ 溶液的试管中分别滴入 2 mol/L 氨水，观察沉淀的生成。继续加入过量的 2 mol/L 氨水，又有何现象发生？写出反应方程式。比较 Cu^{2+}、Ag^{2+}、Zn^{2+}、Hg^{2+} 与氨水反应有什么不同。

2. 汞配合物的生成和应用

① 往盛有 0.5 mL 0.2 mol/L $Hg(NO_3)_2$ 溶液的试管中滴入 0.2 mol/L KI，观察沉淀的生成和颜色。再往该沉淀中加入少量 KI 固体（直至沉淀刚好溶解为止，不要过量），溶液显何色？写出反应方程式。

在所得的溶液中滴入几滴 40%KOH，再与氨水反应，观察沉淀的颜色。

② 往 5 滴 0.2 mol/L $Hg(NO_3)_2$ 溶液中逐滴加入 0.1 mol/L KSCN 溶液，最初生成白色 $Hg(SCN)_2$ 沉淀，继续滴加 KSCN 溶液，沉淀溶解生成$[Hg(SCN)_4]^{2-}$ 配离子。再在该溶液中加几滴 0.2 mol/L $ZnSO_4$ 溶液，观察白色 $Zn[Hg(SCN)_4]$ 沉淀的生成（该反应可定性检验 Zn^{2+}），必要时用玻璃棒摩擦管壁。

（四）铜、银、汞的氧化还原性

1. 氧化亚铜的生成和性质

取 0.5 mL 0.2 mol/L 硫酸铜溶液，注入过量的 6 mol/L 氢氧化钠溶液，使起初生成的蓝色沉淀全部溶解成深蓝色溶液。再往此澄清的溶液中注入 1 mL 10%

葡萄糖溶液,混匀后微热,观察有何现象?(有黄色沉淀产生进而变成红色沉淀。)写出反应方程式。离心分离并且用蒸馏水洗涤沉淀,将沉淀分成两份:一份沉淀与 1 mL 2 mol/L 硫酸作用,静置一会儿,注意沉淀的变化,然后加热至沸,观察有何现象?另一份沉淀中加入 1 mL 浓氨水,振摇后静置 10 分钟,观察清液颜色。放置一段时间后,溶液为什么会变成深蓝色?

2. 氯化亚铜的生成和性质

取 1.0 mL 0.5 mol/L 氯化铜溶液,加 10 滴浓盐酸和少量铜屑,加热直到溶液变成深棕色为止。取出几滴,注入 1 mL 蒸馏水中,如有白色沉淀产生,则迅速把全部溶液倒入 20 mL 蒸馏水中,观察沉淀的生成。等大部分沉淀析出后,静置,倾出上层清液,并用少量蒸馏水洗涤沉淀。取出少许沉淀,分成两份。一份与浓氨水反应,另一份与浓盐酸反应,观察沉淀是否溶解,写出反应方程式。

思考题:实验中得到的深棕色溶液是什么物质?将它倒入蒸馏水中就有沉淀生成,这是发生了什么反应?(深棕色溶液是 $HCuCl_2$,将它倒入蒸馏水中就有 $CuCl$ 沉淀生成。)

3. 碘化亚铜的生成和性质

取 1 mL 0.2 mol/L 硫酸铜溶液滴入 0.1 mol/L 碘化钾溶液中,观察有何变化?再滴入少量 0.5 mol/L 硫代硫酸钠溶液,以除去反应中生成的碘(加入硫代硫酸钠不能过量,否则就会使碘化亚铜溶解,为什么?)。观察碘化亚铜的颜色和状态,写出反应方程式。

4. 汞(Ⅱ)和汞(Ⅰ)的相互转化

(1) Hg^{2+} 的氧化性

往 0.2 mol/L $HgCl_2$ 溶液中滴入 0.2 mol/L 氯化亚锡溶液(先适量,后过量),观察现象,写出反应方程式。

(2) Hg^{2+} 转化为 Hg_2^{2+} 及 Hg_2^{2+} 的歧化分解

往 0.2 mol/L $HgCl_2$ 溶液中滴入金属汞 1 滴,充分振荡。用滴管把清液转入两支试管中(余下的汞回收!)。在一支试管中注入 0.2 mol/L 氯化钠溶液,观察现象,写出反应方程式。在另一支试管中加入 2 mol/L 氨水,观察现象,写出反应方程式。

五、思考题

① 使用汞时应注意什么?为什么储存汞时要用水封?
② 用平衡原理预测在硝酸亚汞溶液中通入硫化氢气体后,生成的沉淀物为何物,并加以解释。

第三部分

综合实验与设计实验

实验二十五 邻二氮菲分光光度法测定铁

一、实验目的

① 学会吸收曲线及标准曲线的绘制,了解分光光度法的基本原理。
② 掌握用邻二氮菲分光光度法测定微量铁的方法和原理。
③ 学会 722 型分光光度计的正确使用,了解其工作原理。
④ 学会数据处理的基本方法。
⑤ 掌握比色皿的正确使用方法。

二、实验原理

根据朗伯-比尔定律:$A = \varepsilon bc$,当入射光波长 λ 及光程 b 一定时,在一定浓度范围内,有色物质的吸光度 A 与该物质的浓度 c 成正比。只要绘出以吸光度 A 为纵坐标,浓度 c 为横坐标的标准曲线,测出试液的吸光度,就可以由标准曲线查得对应的浓度值,即未知样的含量。同时,还可应用相关的回归分析软件,将数据输入计算机,得到相应的分析结果。

用分光光度法测定试样中的微量铁,可选用的显色剂有邻二氮菲(又称邻菲罗啉)及其衍生物、磺基水杨酸、硫氰酸盐等。而目前一般采用邻二氮菲法,该法具有灵敏度高、选择性高、稳定性好、干扰易消除等优点。

在 pH 位于 2~9 之间的溶液中,Fe^{2+} 与邻二氮菲(phen)生成稳定的橘红色配合物 $Fe(phen)_3^{2+}$。

此配合物的 $\lg K_{稳} = 21.3$,摩尔吸光系数 $\varepsilon_{510} = 1.1 \times 10^4$ L·mol^{-1}·cm^{-1},而 Fe^{3+} 能与邻二氮菲生成 1:3 配合物,呈淡蓝色,$\lg K_{稳} = 14.1$。所以在加入显色剂之前,应用盐酸羟胺($NH_2OH \cdot HCl$)将 Fe^{3+} 还原为 Fe^{2+},其反应式为

$$2Fe^{3+} + 2NH_2OH \cdot HCl = 2Fe^{2+} + N_2 + 2H_2O + 4H^+ + 2Cl^-$$

测定时控制溶液的酸度为 pH≈5 较为适宜。

三、实验用品

仪器：

722 型分光光度计（图 18.1）、容量瓶（100 mL、50 mL）、吸量管。

药品：

硫酸铁铵 $NH_4Fe(SO_4)_2 \cdot 12H_2O(s)$（AR）、硫酸（3 mol/L）、盐酸羟胺（10%）、NaAc（1 mol/L）、邻二氮菲（0.15%）。

四、实验内容

（一）标准溶液的配制

1. 10 μg/mL 铁标准溶液的配制

准确称取 0.863 4 g 硫酸铁铵 $NH_4Fe(SO_4)_2 \cdot 12H_2O$ 于 100 mL 烧杯中，加 60 mL 3 mol/L H_2SO_4 溶液，溶解后定容至 1 L，摇匀，得 100 μg/mL 储备液（可由实验室提供）。用时吸取 10.00 mL 稀释至 100 mL，得 10 μg/mL 工作液。

2. 系列标准溶液的配制

取 6 个 50 mL 容量瓶，分别加入铁标准溶液 0.00、2.00、4.00、6.00、8.00、10.00（单位：mL），然后加入 1 mL 盐酸羟胺、2.00 mL 邻二氮菲、5 mL NaAc 溶液（为什么？），每加入一种试剂都应初步混匀。用去离子水定容至刻度，充分摇匀，放置 10 min。

（二）吸收曲线的绘制

选用 1 cm 比色皿，以试剂空白为参比溶液（为什么？），取 4 号容量瓶试液，选择 440～560 nm 波长，每隔 10 nm 测一次吸光度，其中 500～520 nm 之间每隔 5 nm 测定一次吸光度。以所得吸光度 A 为纵坐标，相应波长 λ 为横坐标，在坐标纸上绘制 A 与 λ 的吸收曲线。从吸收曲线上选择测定 Fe 的适宜波长，一般选用最大吸收波长 λ_{max} 为测定波长。

（三）标准曲线（工作曲线）的绘制

选用 1 cm 比色皿，以试剂空白为参比溶液，在选定波长下，测定各溶液的吸光度。在坐标纸上，以铁含量为横坐标，吸光度 A 为纵坐标，绘制标准曲线。

（四）试样中铁含量的测定

从实验教师处领取含铁未知液一份，放入 50 mL 容量瓶中，按以上方法显色，并测其吸光度。此步操作应与系列标准溶液显色、测定同时进行。

依据试液的 A 值，从标准曲线上即可查得其浓度，最后计算出原试液中含铁量（以 $\mu g/mL$ 表示）。并选择相应的回归分析软件，将所得的各次测定结果输入计算机，得出相应的分析结果。

五、722 型分光光度计的使用方法

分光光度计是根据物质对光的选择性吸收来测量微量物质浓度的。722 型分光光度计具有灵敏度和准确度高，操作简便、快速等优点。具体使用方法见实验十八。

(一)测量原理

一束单色光通过有色溶液时，一部分光线通过，一部分被吸收，一部分被器皿的表面反射。设 I_0 为入射光的强度，I 为透过光的强度，则 I/I_0 称为透光度，用 T 表示。透光度越大，光被吸收越少。把 $\lg(I_0/I)$ 定义为吸光度，用 A 表示。吸光度越大，溶液对光的吸收越多。吸光度 A 与透光度 T 之间的关系为 $A = -\lg T$。吸光度 A 与待测溶液的浓度 c(mol/L)和液层的厚度 b(cm)成正比，即

$$A = \varepsilon bc$$

这是光的吸收定律，亦称朗伯-比尔(Lambert-Beer)定律。式中 ε 为比例常数，叫摩尔吸收系数，它与入射光的波长、溶液的性质、温度等因素有关。当入射光波长一定，溶液的温度和比色皿（溶液的厚度）均一定时，则吸光度 A 只与溶液浓度 c 成正比。将单色光通过待测溶液，并使通过光射在光电管上变为电信号，在数字显示器上可直接读出吸光度 A 或浓度 c。

(二)仪器构造

722 型分光光度计由光源室、单色器、试样室、光电管暗盒、电子系统及数字显示器等部件组成。其结构如图 18.1 所示。

六、思考题

① 本实验中哪些试剂应准确加入，哪些不必严格准确加入？为什么？

② 加入盐酸羟胺的目的是什么？

③ 配制 $NH_4Fe(SO_4)_2 \cdot 12H_2O$ 溶液时，能否直接用水溶解？为什么？

④ 如何正确使用比色皿？

⑤ 何谓"吸收曲线""工作曲线"？绘制及目的各有什么不同？

实验二十六　染料组分的分离和鉴别（薄层层析法）

一、实验目的

① 学会薄层板的制备方法和薄层层析操作。
② 掌握薄层层析的基本原理。
③ 学会比移值 R_f 的测定方法。

二、实验原理

层析法又叫色谱法，是分离、提纯和鉴定混合物各组分的一种重要方法，有极广泛的用途。它是一种物理化学分离方法，利用混合物各组分的物理化学性质的差异在两相间的分配比不同而进行分离。其中一相是固定相，另一相是流动相。常用的色层分离法有薄层层析、柱层析、纸层析和气相色谱法等。

薄层层析（Thin Layer Chromatography）常用 TLC 表示，兼有柱层析和纸层析的优点，是近年来发展起来的一种微量、快速而简单的分离方法。它是将吸附剂（固定相）均匀地铺在一块玻璃板表面上形成薄层（其厚度一般为 0.1～2 mm），在此薄层上进行色谱分离。由于混合物中的各个组分对吸附剂的吸附能力不同，当选择适当的溶剂（被称为展开剂，即流动相）流经吸附剂时，发生无数次吸附和解吸过程，吸附力弱的组分随流动相向前移动，吸附力强的组分滞留在后，由于各组分具有不同的移动速率，被流动相带到薄层板不同高度，最终得以在固定相薄层上分离。这一过程可表示为

$$化合物在固定相 \xrightleftharpoons{K} 化合物在流动相$$

平衡常数 K 的大小取决于化合物吸附能力的强弱。一个化合物愈强烈地被固定相吸附，K 值愈低，那么这个化合物随着流动相移动的距离就愈小。

薄层层析除了用于分离外，更主要的是通过与已知结构化合物相比较来鉴定少量有机物的组成。此外，薄层层析也经常用于寻找柱层析的最佳分离条件。试样中各组分的分离效果可用它们比移值 R_f 的差来衡量。R_f 值是某组分的色谱斑点中心到原点的距离与溶剂前沿至原点距离的比值，即 $R_f = \dfrac{a}{b}$，R_f 值一般在 0～1 之间，当实验条件严格控制时，每种化合物在选定的固定相和流动相体系中有特定的 R_f 值。R_f 值大表示组分的分配比大，易随溶剂流下。混合样品中，两组分的 R_f 相差越大，则它们的分离效果越好。应用薄层层析进行分离鉴定的方法是将被

分离鉴定的试样用毛细管点在薄层板的一端,样点干后放入盛有少量展开剂的器皿中展开。借吸附剂的毛细作用,展开剂携带着组分沿着薄层缓慢上升,由于各组分在展开剂中溶解能力和被吸附剂吸附的程度不同,其在薄层板上升的高度亦不同,R_f也不同。混合样中各组分可通过比较薄层板上各斑点的位置或通过R_f值的测定来进行鉴别。如果各组分本身带有颜色,待薄层板干燥后会出现一系列的斑点;如果化合物本身不带颜色,那么可以用显色方法使之显色,如碘熏显色、喷显色剂或用荧光板在紫外灯下显色等。

三、实验用品

仪器:

载玻片(7.5 cm×2.5 cm)、烧杯(50 mL)、毛细管(内径小于 1 mm)、层析缸。

药品:

硅胶 H、CMC(羧甲基纤维素钠)(1%),乙酸乙酯∶甲醇∶水=78∶20∶2。罗丹明 B 的乙醇饱和溶液、孔雀绿的乙醇饱和溶液、苏丹Ⅲ的乙醇饱和溶液(或品红的乙醇饱和溶液)。

四、实验内容

本实验以硅胶 H 为吸附剂,羧甲基纤维素钠(CMC)为黏合剂,制成薄层板,用乙酸乙酯∶甲醇∶水=78∶20∶2 的混合溶剂作展开剂。通过实验测出罗丹明 B、孔雀绿及苏丹Ⅱ的 R_f 值,并分析确定混合试样的组成。

(一)薄层板制备

取载玻片(7.5 cm×2.5 cm)5 块,洗净晾干。

在 50 mL 烧杯中,放置 3 g 硅胶 H,逐渐加入 1%羧甲基纤维素钠(CMC)水溶液约 9 mL,边加边搅拌,调成均匀的糊状,用药匙或玻璃棒涂于上述洁净的载玻片上,用食指和拇指拿住玻片,作前后左右摇晃摆动,使流动糊状物均匀地铺在载玻片上。必要时,可在实验台面上,让一端接触台面而另一端轻轻跌落数次并互换位置。然后把薄层板放于水平的长玻板上,自然晾干。半小时后置于烘箱中经110 ℃活化 30 min。取出,稍冷后置于干燥器中备用。

(二)点样

在小试管或滴管中分别取少量罗丹明 B、孔雀绿、苏丹Ⅲ的乙醇溶液以及 1~2个混合物溶液作为试样。在离薄层板一端 1 cm 处,用铅笔轻轻画一直线。取管口平整内径小于 1 mm 的毛细管插入样品溶液中吸取液面高度为 5 mm,于铅笔画线处轻轻点样,斑点直径不超过 2 mm,每块板可点样两处,样点与样点之间相距1~1.5 cm 为宜,待样点干燥后,方可进行展开。先点已知纯样品,再点混合样品。

（三）展开（层析）

在层析缸（或 250 mL 广口瓶）的一侧贴上一与缸壁大小相同的滤纸，稍倾斜后，把展开剂沿滤纸顶部倒入，扶正缸体时缸底部展开剂的高度为 0.5 cm。盖上顶盖，放置 10～15 min，以保证缸内均匀地被展开剂蒸气所饱和。

将点好样的薄层板样点一端朝下小心地放入层析缸中，并成一定角度（倾斜 45°～60°），同时使展开剂的水平线在样点以下，盖上顶盖，观察展开剂前沿上升到离板的上端约 1 cm 处取出，并立即用铅笔标出展开剂的前沿位置，晾干。计算各样品的 R_f 值并确定混合物的组成。

五、注意事项

① 制板时要求薄层均匀光滑，薄层厚度一般为 0.1～2 mm。可将吸附剂调得稍稀一些，尤其是制硅胶板，否则吸附剂调得很稠，就很难做到均匀。

② 试样由教师统一发给。

③ 点样用的毛细管必须专用，不得弄混。

④ 点样时，使毛细管刚好接触薄层即可。切勿点样过重而使薄层破坏。如果太淡，待溶剂挥发后再点一次。

⑤ 若为无色物质的色谱，应做显色处理。本实验分离的物质都有颜色，可省去显色一步。

六、思考题

① 在一定的操作条件下，为什么可利用 R_f 值来鉴定化合物？

② 在调制硅胶板时，糊状物应该怎样调制？

③ 在混合物薄层色谱中，如何判定各组分在薄层上的位置？

④ 想一想，能否用薄层层析法进行混合物的定量分析？

实验二十七 植物中某些元素的 分离与鉴定

一、实验目的

了解从周围植物中分离和鉴定化学元素的方法。

二、实验原理

植物是有机体,主要由 C、H、O、N 等元素组成,此外,还含有 P、I 和某些金属元素如 Ca、Mg、Al、Fe 等。把植物烧成灰烬,然后用酸浸溶,即可从中分离和鉴定某些元素。本实验只要求分离和检出植物中 Ca、Mg、Al、Fe 4 种金属元素和 P、I 两种非金属元素。

三、实验用品

仪器:

电炉、研钵、蒸发皿、烧杯(50 mL、100 mL)、漏斗、滤纸、药勺、量筒(50 mL)。

药品:

$HCl(2 \ mol/L)$,HNO_3(浓),$HAc(1 \ mol/L)$,$NaOH(2 \ mol/L)$,广范 pH 试纸及鉴定 Ca^{2+}、Mg^{2+}、Al^{3+}、Fe^{3+}、PO_4^{3-}、I^- 所用的试剂。

其他:

松枝、柏枝、茶叶、海带。

四、实验内容及要求

(一) 从松枝、柏枝、茶叶等植物中任选一种鉴定 Ca、Mg、Al 和 Fe

取约 5 g 已洗净且干燥的植物枝叶(青叶用量适当增加),放在蒸发皿中,在通风橱内用电炉加热灰化,然后用研钵将植物灰研细。取一勺灰粉(约 0.5 g)于 10 mL 2 mol/L HCl 中,加热并搅拌促使溶解,过滤。

自拟方案鉴定滤液中的 Ca^{2+}、Mg^{2+}、Al^{3+}、Fe^{3+}。

(二) 从松枝、柏枝、茶叶等植物中任选一种鉴定 P

用同上的方法制得植物灰粉,取一勺溶于 2 mL 浓 HNO_3 中,温热并搅拌促使溶解,然后加水 30 mL 稀释,过滤。

自拟方案鉴定滤液中的 PO_4^{3-}。

（三）海带中 I 的鉴定

将海带用上述的方法灰化,取一勺溶于 10 mL 1 mol/L HAc 中,温热并搅拌促使溶解,过滤。

自拟方案鉴定滤液中的 I^-。

五、注意事项

① 以上各离子的鉴定方法可自查资料,注意鉴定的条件及干扰离子。

② 由于植物中以上欲鉴定元素的含量一般都不高,所得滤液中这些离子浓度往往较低,鉴定时取量不宜太少,一般可取 1 mL 左右进行鉴定。

③ Fe^{3+} 对 Mg^{2+}、Al^{3+} 鉴定均有干扰,鉴定前应加以分离。可采用控制 pH 的方法将 Ca^{2+}、Mg^{2+} 与 Al^{3+}、Fe^{3+} 分离,然后再将 Al^{3+} 与 Fe^{3+} 分离。

六、思考题

① 植物中还可能含有哪些元素? 如何鉴定?

② 为了鉴定 Mg^{2+},某学生进行了如下实验:植物灰用较浓的 HCl 浸溶后,过滤。滤液用 $NH_3 \cdot H_2O$ 中和至 pH＝7,过滤。在所得的滤液中加几滴 NaOH 溶液和镁试剂 I,发现得不到蓝色沉淀。试解释实验失败的原因。

实验二十八　酸碱混合物的分析

一、实验目的

① 了解混合酸碱体系的测定原理和方法。
② 通过学生对分析方案的设计,培养学生分析问题和解决问题的能力。
③ 加深对理论课程学习的理解。

二、实验提示

在前面的基础训练的实验中,多为单组分纯溶液、纯物质的测定。然而,实际工作中,常常遇到混合组分的测定问题。下面让我们通过对 NaH_2PO_4-Na_2HPO_4 混合酸碱体系各组分含量测定的分析及设计方法的讨论,给出在设计混合酸碱组分测定方法时主要应考虑的问题,以供参考。

对 NaH_2PO_4-Na_2HPO_4 混合酸碱体系,首先,必须判断能否用酸和碱标液进行滴定的问题。H_3PO_4 的三级离解平衡如下:

$$H_3PO_4 \underset{pK_{b_3}=11.88}{\overset{pK_{a_1}=2.12}{\rightleftharpoons}} H_2PO_4^- \underset{pK_{b_2}=6.80}{\overset{pK_{a_2}=7.20}{\rightleftharpoons}} HPO_4^{2-} \underset{pK_{b_1}=1.64}{\overset{pK_{a_3}=12.36}{\rightleftharpoons}} PO_4^{3-}$$

根据酸碱物质能否准确滴定的判别式 $cK \geqslant 1.0 \times 10^{-8}$,显然,$Na_2HPO_4$ 不能用碱标液直接滴定,我们可用 HCl 标液滴定,也可按文献加入适量 $CaCl_2$ 固体,释放出相当量的 H^+,用 NaOH 标液滴定。

$$2Na_2HPO_4 + 3CaCl_2 =\!=\!= Ca_3(PO_4)_2 \downarrow + 4NaCl + 2HCl$$

同理,组分 NaH_2PO_4 则可用 NaOH 标液直接滴定,但不能用 HCl 标液来滴定。

考虑滴定方法时,可从两个方面进行。第一种方法,可在同一份溶液中用 NaOH 和 HCl 标液两次滴定,测定各组分含量;第二种方法,可分别取出两份溶液,分别用 NaOH 和 HCl 标液滴定。

怎样选择指示剂呢?它是根据滴定反应物溶液的 pH 来选择的。当计量点产物为 HPO_4^{2-} 时,其 pH$=(pK_{a_2}+pK_{a_3})/2=9.7$,可选用酚酞(pH$=8.2\sim10.0$)或百里酚酞(pH$=9.4\sim10.6$)为指示剂。当滴定计量点产物为 $H_2PO_4^-$ 时,其 pH$=4.7$,可勉强选用甲基橙(pH$=3.1\sim4.4$)和溴酚蓝(pH$=3.0\sim4.6$)等指示剂。

综合上面实际例子设计方法的讨论,在设计混合酸碱组分测定方法时,主要应考虑下面几个问题:

① 应进行能否准确滴定的判别。

② 设计方法的原理是什么？可用哪几种方法进行滴定？

③ 采用什么滴定剂？如何配制和标定？

④ 滴定结束时产物是什么？这时产物溶液的 pH 为多少？应选用何种指示剂？

⑤ 酸碱滴定时,滴定剂和被滴物质的浓度应为 0.1 mol/L 左右,据此可考虑它们的溶液取样量大小。

⑥ 各组分含量的计算公式是什么？计量比 a/b 为多少？含量以什么单位表示？计算用的常数等查好了没有？

⑦ 设计时应以"求实"的精神去比较、研究实验中的问题,例如,选择的方法好不好？滴定的误差为多少？哪种指示剂较好？

⑧ 滴定终点的指示问题。

一般采用指示剂法检测滴定终点。滴定较弱的酸碱组分时,用电位法指示滴定终点是较准确的方法。理论证明,$pK \approx 3$ 时,用电位法指示终点尤为重要,例如,HAc-$NaHSO_3$ 体系等,在处理数据时也应做一阶微分或二阶微分的处理才能得到满意的结果。

三、设计要求

本实验要求学生到图书馆去查阅有关测定方法的资料,按分析化学实验的要求格式,写出下面主要内容,交指导教师审阅。

（一）实验原理

应将方法、原理、有关计算及公式详细写出。

（二）实验用品

所需试剂（规格、浓度及配制方法）和仪器。

（三）实验内容及步骤

所使用的标准溶液的配制、标定、仪器选用、取样量的确定、固体试剂的溶样方法、指示剂、终点的变化等具体的分析实验步骤及注意事项。

（四）拟定数据记录和处理的表格

设计记录和处理数据的表格。

（五）列出参考文献

详细列出所有参考文献,包括文献的作者、文献题名、版次、出版者、发表时间。

（六）体会和讨论

结合所选的实验进行。

四、设计性实验的选题范围

① H_2SO_4-H_3PO_4 混合液（约含 SO_3 0.01 g/mL 和 P_2O_5 0.03 g/mL）；

② HCl-NH_4Cl 混合液（约含 HCl 0.01 g/mL 和 NH_4Cl 0.02 g/mL）；

③ $NH_3 \cdot H_2O$-NH_4Cl 混合液（约含 NH_3 0.01 g/mL 和 NH_4Cl 0.02 g/mL）；

④ HCl-H_3BO_3 混合液（约含 HCl 0.01 g/mL 和 H_3BO_3 0.03 g/mL）；

⑤ HAc-NaAc 混合液（约含 HAc 0.02 g/mL 和 NaAc 0.02 g/mL）；

⑥ NaOH-Na_3PO_4 混合液（约含 NaOH 0.01 g/mL 和 Na_3PO_4 0.03 g/mL）；

⑦ HAc-H_2SO_4 混合液（约含 HAc 0.02 g/mL 和 H_2SO_4 0.02 g/mL）；

⑧ HCl-$(CH_2)_6N_4$（六次甲基四胺）混合液（约含 HCl 0.01 g/mL 和$(CH_2)_6N_4$ 0.03 g/mL[①]）；

⑨ 混合碱固体试样（含总碱以 Na_2O 计，各约 50%）。

---

① 六次甲基四胺可用浓盐酸体系强化测定。

实验二十九　可溶硫酸盐中硫的测定
（硫酸钡重量法）

一、实验目的

① 了解晶形沉淀的沉淀条件、原理和沉淀方法。

② 练习沉淀的过滤、洗涤和灼烧的操作技术。

③ 测定可溶性硫酸盐中硫的含量，并用换算因数计算测定结果。

二、实验原理

测定硫酸根所用的经典方法，都是用 Ba^{2+} 离子将 SO_4^{2-} 离子沉淀为 $BaSO_4$，沉淀经过滤、洗涤和灼烧后，以 $BaSO_4$ 形式称量，从而求得 S 或 SO_4^{2-} 离子含量，但费时较多。用各种滴定分析方法进行测定，准确度均不及重量法，精密度也不太好。多年来，分析工作者对重量法测定 SO_4^{2-} 离子曾作过不少改进，克服了烦琐、费时的缺点，因此重量法仍为一种较准确而重要的标准方法。

$BaSO_4$ 的溶解度很小（$K_{sp}=8.7\times10^{-11}$），100 mL 溶液中在 25 ℃时仅溶解 0.25 mg，在过量沉淀剂存在下，溶解度更小，一般可以忽略不计。$BaSO_4$ 性质非常稳定，干燥后的组成与分子式符合。但是 $BaSO_4$ 沉淀初生成时，一般形成细小的晶体，过滤时易穿过滤纸，引起沉淀的损失。因此进行沉淀时，必须注意创造和控制有利于形成较大晶体的条件。

为了防止生成 $BaCO_3$、$Ba_3(PO_4)_2$（或 $BaHPO_4$）及 $Ba(OH)_2$ 等沉淀，应在酸性溶液中进行沉淀。同时适当提高酸度，增加 $BaSO_4$ 的溶解度，以降低其相对过饱和度，有利于获得颗粒较大的纯净而易于过滤的沉淀，一般在 0.05 mol/L 左右 HCl 溶液中进行沉淀。溶液中也不允许有酸不溶物和易被吸附的离子（如 Fe^{3+}、NO_3^- 等离子）存在，否则应预先予以分离或掩蔽。Pb^{2+}、Sr^{2+} 离子干扰测定。

应用玻璃砂芯坩埚抽滤 $BaSO_4$ 沉淀，然后烘干、称重，这样可缩短分析时间，其准确度比灼烧法稍差，但可用于工业生产的快速分析。

用 $BaSO_4$ 重量法测定 SO_4^{2-} 离子这一方法应用很广。磷肥、萃取磷酸、水泥以及有机物中硫含量等都可用此法分析。

三、实验用品

仪器：

瓷坩埚 2 只、坩埚钳 1 把、400 mL 烧杯等。

药品：

HCl 溶液(2 mol/L,1％)、10％ BaCl₂ 溶液、AgNO₃ 溶液(0.1 mol/L)、HNO₃ 溶液(6 mol/L)、定性滤纸(7～9 cm)1 张、慢速定量滤纸。

四、实验内容

准确称取在 100～120 ℃干燥过的试样 0.2～0.3 g[①]，置于 400 mL 烧杯中，用水 25 mL 溶解，加入 2 mol/L HCl 溶液 5 mL[②]，用水稀释至约 200 mL。将溶液加热至沸[③]，在不断搅拌下逐滴滴加 5～6 mL 10％热 BaCl₂ 溶液(预先稀释约 1 倍并加热)[④]，静置 1～2 min 让沉淀沉降，然后在上层清液中加 1～2 滴 BaCl₂ 溶液，检查沉淀是否完全。此时若无沉淀或浑浊产生，表示沉淀已经完全，否则应再加 1～2 mL BaCl₂ 稀溶液，直至沉淀完全。然后将溶液微沸 10 min，在约 90 ℃保温陈化约 1 h。冷至室温，用慢速定量滤纸过滤，再用热蒸馏水洗涤沉淀至无 Cl⁻ 离子为止[⑤]，将沉淀和滤纸移入已在 800～850 ℃灼烧至恒重的瓷坩埚中，烘干、灰化后，再在 800～850 ℃下灼烧至恒重[⑥]。根据所得 BaSO₄ 质量，计算试样中含硫(或 SO₃)百分率。

五、数据记录与处理

如表 29.1 所示。

---

①　有些水合盐类试样不能放入烘箱中干燥。本实验可用无水芒硝(Na_2SO_4)作试样。

②　若有水不溶残渣，应该将它过滤除去，并用稀盐酸洗涤残渣数次，再用水洗至不含 Cl⁻ 离子为止。

③　试样中若含有 Fe³⁺ 离子等干扰离子，在加 BaCl₂ 溶液沉淀之前，可加入 1％EDTA 溶液 5 mL 加以掩蔽。

④　为了控制晶形沉淀的条件，除试液应稀释和加热外，沉淀剂 BaCl₂ 溶液也可先加水适当稀释并加热。

⑤　检查洗液中有无 Cl⁻ 离子的方法是加硝酸酸化了的 AgNO₃ 溶液，若无白色浑浊产生，表示 Cl⁻ 离子已洗尽。

⑥　坩埚放入电炉前，应用滤纸吸去其底部和周围的水，以免坩埚因骤热而炸裂。沉淀在灼烧时，若空气不充足，则 BaSO₄ 易被滤纸的碳还原为 BaS，将使结果偏低，此时可将沉淀用浓 H_2SO_4 润湿，仔细升温，灼烧，使其重新转变为 BaSO₄。

表 29.1 实验结果记录

项　　目	Ⅰ	Ⅱ
称量瓶＋试样质量(倒出试样前)(g)		
称量瓶＋试样质量(倒出试样后)(g)		
试样质量 m(g)		
坩埚＋$BaSO_4$ 质量(g) ① ②		
坩埚质量(g) ① ②		
滤纸灰分质量(g)		
$BaSO_4$ 质量 G(g)		
$[SO_4{}^{2-}]\% = G \times \dfrac{SO_4{}^{2-}}{BaSO_4} \times m \times 100\%$		
$[SO_4{}^{2-}]\%$ 平均值		
相对平均偏差(％)		

六、思考题

① 重量法所称试样重量应根据什么原则计算?

② 为什么加 $10\%BaCl_2$ 溶液 $5\sim6$ mL? 沉淀剂用量应该怎样计算? 反之,如果用 H_2SO_4 沉淀 Ba^{2+} 离子,H_2SO_4 用量应如何计算?

③ 为什么试液和沉淀剂都要预先稀释,而且试液要预先加热?

④ 加入沉淀剂后,沉淀是否完全,应如何检查?

⑤ 沉淀完毕后,为什么要保温放置一段时间后才进行过滤?

⑥ 洗涤至无 Cl^- 离子的目的和检查 Cl^- 离子的方法如何?

⑦ 为什么要控制在一定酸度的盐酸介质中进行沉淀?

⑧ 用倾泻法过滤有什么优点?

⑨ 什么叫恒重? 怎样才能把灼烧后的沉淀称准?

⑩ 用 SO_3 表示硫酸根的含量(百分率),应如何计算?

实验三十　日常生活中的化学

一、实验目的

① 了解日常生活中的化学常识。
② 学习运用化学知识及化学实验技术分析和解决一些问题。

二、实验原理

（一）掺假食品的鉴定

1. 牛奶中掺豆浆的检查

牛奶是一种营养丰富、老少皆宜的食品。正常牛奶为白色或浅黄色均匀胶状液体,无沉淀、无凝块、无杂质,具有轻微的甜味和香味,其成分如表 30.1 所示。

表 30.1　牛奶成分表

成分	水	脂肪	蛋白质	酪蛋白	乳糖	白蛋白	灰分
含量	87.35%	3.75%	3.40%	3.00%	4.75%	0.40%	0.75%

在牛奶中掺入价格低得多的豆浆,尽管此时牛奶的密度、蛋白质的含量变化不大,可能仍在正常范围内,但由于豆浆中几乎不含淀粉,而含约 25% 的碳水化合物(主要是棉籽糖、水苏糖、蔗糖、阿拉伯半乳聚糖等),它们遇碘后显乌绿色,所以利用这种变化可定性地检查牛奶中是否掺有豆浆。

2. 掺蔗糖蜂蜜的鉴定

蜂蜜是人们喜爱的营养丰富的保健食品,正常蜂蜜的密度为 1.401～1.433 g/mL,主要成分包括葡萄糖和果糖 65%～81%,蔗糖约 8%,水 16%～25%,糊精、非糖物质、矿物质和有机酸等约 5%,此外还含有少量酵素、芳香物质、维生素及花粉粒等,因所采花粉不同,其成分也有一定差异。人为地将价廉的蔗糖熬成糖浆掺入蜂蜜中,外观上也会出现一些变化。一般情况下,这种掺糖蜂蜜色泽比较鲜艳,大多为浅黄色,味淡,回味短,且糖浆味较浓。用化学方法可取掺假样品加水搅拌,如有浑浊或沉淀再加 $AgNO_3$(1%),若有絮状物产生,即为掺蔗糖蜂蜜。

3. 亚硝酸钠与食盐的区别

亚硝酸钠($NaNO_2$)是一种白色或浅黄色晶体或粉末,有咸味,很像食盐,往往容易错当食盐使用,如果误食 0.3～0.5 g 亚硝酸钠就会中毒,食后 10 min 就会出现明显的中毒症状,如呕吐、腹痛、紫绀、呼吸困难,甚至抽搐、昏迷,严重时还会危及生命。亚硝酸钠不仅有毒,而且还是致癌物,对人体健康危害很大。

利用 $NaNO_2$ 在酸性条件下氧化 KI 生成单质碘的反应如下:

$$2NaNO_2 + 2KI + 2H_2SO_4 \rightleftharpoons 2NO + I_2 + K_2SO_4 + Na_2SO_4 + 2H_2O$$

单质碘遇淀粉显蓝色,就可以把亚硝酸钠与食盐区别开。

(二) 食品中微量有害元素的鉴定

1. 油条中微量铝的鉴定

油条(或油饼)是很多人经常食用的大众食品。为了使油条松脆可口,揉面时,每 500 g 面粉约需加入 10 g 明矾($KAl(SO_4)_2 \cdot 12H_2O$)和若干苏打(Na_2CO_3),在高温油炸过程中,明矾和苏打发生以下反应:

$$Al^{3+} + 3H_2O \rightleftharpoons Al(OH)_3 + 3H^+$$
$$2H^+ + CO_3^{2-} \rightleftharpoons H_2O + CO_2 \uparrow$$

由于 CO_2 的大量产生,油条面剂体积迅速膨胀,并在表面形成一层松脆的皮膜,非常好吃。

但是,近年来医学界研究发现,吃进人体内的铝对健康危害很大,能引起痴呆、骨痛、贫血、甲状腺功能降低、胃液分泌减少等多种疾病。摄入过量的铝还会影响人体对磷的吸收和能量代谢,降低生物酶的活性。而且铝不仅能引起神经细胞的死亡,还能损害心脏。当铝进入人体后,可形成牢固的、难以消化的配位化合物,使其毒性增加。因此,人们要警惕从油条等食物中摄入过量的铝。

取小块油条切碎后经灼烧成灰,用 6 mol/L HNO_3 浸取,浸取液加巯基乙酸溶液,混匀后,加铝试剂缓冲液,加热观察到特征的红色溶液生成,样品中即含有铝。

2. 松花蛋中铅的鉴定

松花蛋是一种具有特殊风味的食品,但往往受铅的污染。而铅及其化合物具有较大毒性,在人体内还有积累作用,会引起慢性中毒。

在一定条件下,铅离子能与二硫腙形成一种红色配合物:

(二硫腙)　　　　　　　　　　　　　(红色)

由于二硫腙是一种广泛配位剂,用它测定 Pb^{2+} 离子时,必须考虑其他金属离子的干扰作用,通过控制溶液的酸度和加入掩蔽剂可加以消除。用氨水调节试液 pH 到 9 左右(下面称为二硫腙使用液),此时 Pb^{2+} 与二硫腙作用生成红色配合物,加盐酸羟胺还原 Fe^{3+},同时加柠檬酸铵掩蔽 Fe^{2+}、Sn^{2+}、Cd^{2+}、Cu^{2+} 等,用 $CHCl_3$ 萃取后,铅的二硫腙配合物萃取入 $CHCl_3$ 中,干扰离子则留在水溶液中。

3. 不宜用火柴梗剔牙

有些人吃完饭顺手从火柴盒中取出一根火柴悠然剔起牙来,殊不知火柴梗在火柴生产过程中早已被制作火柴头的原料污染了,在剔牙时有毒物质会乘机进入人体,危害健康。大家知道,安全火柴是以硫黄作为还原剂的,所以火柴头组成中除了以硫黄为主的火药和玻璃屑等物质外,还含有帮助燃烧的松香、重铬酸钾等。重铬酸钾不仅有毒,而且是一种强烈的致癌物质,所以为了健康,请不要用已被重铬酸钾污染过的火柴梗剔牙。

检验火柴头中所含 $K_2Cr_2O_7$ 的方法有很多,首先把火柴头压碎后用少量酸溶解,向溶液中加适当的还原剂检验 $K_2Cr_2O_7$,或者用与 $Pb(Ac)_2$ 生成黄色 $PbCrO_4$ 沉淀的方法检验。

(三) 食物中微量营养元素的鉴定

1. 海带中碘的鉴定

海带是营养价值比较高的食品,特别是它含有对人类健康很重要的碘。人体内缺少碘不但会引起甲状腺肿病,而且还会造成智力低下。

海带在碱性条件下灰化,其中的碘被有机物还原为 I^- 离子,它与碱金属离子结合成碘化物。碘化物在酸性条件下与 $K_2Cr_2O_7$ 反应析出 I_2。

$$6I^- + Cr_2O_7^{2-} + 14H^+ =\!\!=\!\!= 2Cr^{3+} + 3I_2 + 7H_2O$$

若用 $CHCl_3$ 萃取,I_2 在 $CHCl_3$ 中显粉红色(或深红色,颜色深浅依含碘量多少决定)。

2. 大豆中微量铁的鉴定

大豆是营养丰富的食物,尤其是各类豆制品更是人们喜爱的大众化食品。大豆中不仅富含植物性蛋白质,不含胆固醇,而且还含有一些人体所需的微量元素。大豆中的微量铁,经样品粉碎、浸取和氧化处理后,以 Fe^{3+} 离子形式存在于溶液中,在酸性条件下,Fe^{3+} 与 SCN^- 反应生成特征的血红色配合物。

$$Fe^{3+} + 3SCN^- =\!\!=\!\!= Fe(SCN)_3 (血红色)$$

3. 面粉中微量元素锌的鉴定

锌是人体维持正常生理活动和生长发育所必需的一种微量元素,食物中锌的含量差别很大，一般坚果、豆类、谷物等食品中含量较多一些，小麦中锌主要存在于胚芽和麸皮中。微量锌的检定，可采用二硫腙显色。在 pH＝4.5～5 时，锌与二硫腙作用生成紫红色配合物。

$$Zn^{2+} + 2S=C \begin{matrix} C_6H_5 \\ | \\ NH-NH \\ \diagup \\ N=N \\ | \\ C_6H_5 \end{matrix} \Longrightarrow S=C \cdots Zn \cdots C=S + 2H^+$$

这种配合物溶于 $CHCl_3$、CCl_4 等有机溶剂中，故可用有机溶剂萃取。但 Pb^{2+}、Cd^{2+}、Cu^{2+}、Hg^{2+}、Fe^{3+} 等有干扰作用，可加 $Na_2S_2O_3$ 和盐酸羟胺掩蔽。

（四）消毒剂中的化学

日常生活中，常用的几种消毒剂是：① 酒精；② 浓食盐水；③ 碘酒；④ 双氧水；⑤ 高锰酸钾；⑥ 漂白粉。其中，酒精是靠渗透到细菌菌体内，使蛋白质凝固而杀死细菌的；浓食盐水是靠使细菌菌体内大部分水渗透到浓盐水中，致菌细胞干瘪而死；其余 4 种消毒剂则都是依靠它们各自具有的很强的氧化性破坏细菌菌体组织，致细菌于死地，从而达到消毒作用。

（五）指纹鉴定

许多影视作品中常常有利用指纹破案的情节，从案发现场的器物上留下的作案者的指纹找到破案的线索。原来，人的手指表面有油脂、汗水等，当手指接触器物后，指纹上的油脂、汗水就会印在器物表面，人眼不易看出来。如果用碘蒸气熏，由于碘易溶于油脂等有机物质中并显出一定的颜色，因而能使器物上的指纹显现出来。

（六）壁画之谜

世界闻名的敦煌壁画的画面上各种人物的脸和皮肤大都是灰黑色，而不是正常的黄色或白色，这是怎么回事呢？

经过分析知道，灰黑色的物质是 PbS，专家们经过研究认为原来涂上去的并非 PbS，而是有名的白色颜料——铅白，即碱式碳酸铅（$2PbCO_3 \cdot Pb(OH)_2$），它具有很强的覆盖力，涂抹在壁画上时应该是雪白色的，但由于空气中微量 H_2S 气体的长期作用，发生了如下的化学变化：

$$2PbCO_3 \cdot Pb(OH)_2 + 3H_2S \Longrightarrow 3PbS\downarrow + 2CO_2\uparrow + 4H_2O$$
（白色）　　　　　　　　　　　　（黑色）

因此，原来白色的脸和皮肤就渐渐变成灰黑色的了。

如果要使画面恢复原样，只需取一块软布蘸一些双氧水（H_2O_2）在画面上轻轻

擦拭,此时发生了如下的化学变化:

$$PbS+4H_2O_2 = PbSO_4+4H_2O$$

　　（黑色）　　　　　　（白色）

就可以使画面焕然一新了。

三、实验用品

仪器:

试管、坩埚、电炉、高温电炉（马弗炉）、水浴（恒温箱）、组织捣碎机、蒸发皿、烘箱、布氏漏斗、吸滤瓶、抽滤泵、研钵、筛（40目）、锥形瓶50 mL、酒精灯、H_2S发生器。

药品:

碘水,1% $AgNO_3$,$NaNO_2$（固）,$NaCl$（固）,浓食盐水,H_2SO_4（2 mol/L）,浓H_2SO_4,1:1 HNO_3,HNO_3（6 mol/L）,HNO_3（1 mol/L）,1% HNO_3,HCl（6 mol/L）,HCl（1 mol/L）,0.8%巯基乙酸,KI（0.1 mol/L）,新鲜淀粉溶液、铝试剂缓冲液、20%柠檬酸铵,20%盐酸羟胺,二硫腙使用液,0.002%二硫腙CCl_4溶液,1:1氨水,KOH（10 mol/L）,$CHCl_3$,$Pb(Ac)_2$（0.1 mol/L）,$K_2Cr_2O_7$（0.2 mol/L）,30% H_2O_2,2% $K_2S_2O_8$,20% $KSCN$,pH=4.74的缓冲溶液,25% $K_2S_2O_3$,碘酒、酒精,$KMnO_4$（固）,碘（固）,漂白粉,Na_2SO_3（固）,铅白(2$PbCO_3$·$Pb(OH)_2$),H_2S。

其他:

正常牛奶、掺豆浆牛奶、掺蔗糖蜂蜜、油条（加明矾的）、松花蛋、海带、大豆、标准面粉、白纸、滤纸（布氏漏斗用）、滤纸片。

四、实验内容

（一）掺假食品的鉴定

1. 牛奶中掺豆浆的检查

取两支试管分别加入正常牛奶和掺豆浆牛奶各2 mL,再分别加入2~3滴碘水,混匀后观察两支试管中颜色的不同变化。正常牛奶显橙黄色,而掺豆浆牛奶则显乌绿色。

2. 掺蔗糖蜂蜜的鉴定

在一支试管中加入掺糖蜂蜜样品约1 mL,再加水约4 mL,振荡搅拌,如有浑浊或沉淀,再滴加2滴1% $AgNO_3$,若有絮状物产生就证明此蜂蜜中掺有蔗糖。

3. 亚硝酸钠与食盐的区别

取两支试管分别加入少量$NaNO_2$固体和$NaCl$固体,再加入2 mol/L H_2SO_4

和 0.1 mol/L KI,观察两支试管中不同的实验现象,再用新配制的淀粉溶液鉴别。

(二) 食品中微量有害元素的鉴定

1. 油条中微量铝的鉴定

取一小块油条切碎放入坩埚内,在电炉上低温炭化,待浓烟散尽,放入高温炉 (炉温约 500 ℃)中灰化,到坩埚内物质呈白色灰状时,停止加热。冷却后加入约 2 mL 6 mol/L HNO_3,在水浴上加热蒸发至干,把所得产物加水溶解。用一支试管 取约 2 mL 所得溶液,加 5 滴 0.8 % 巯基乙酸溶液,摇匀后,加约 1 mL 铝试剂(玫 红三羧酸铵)缓冲溶液,再摇匀,并放入热水浴中加热。观察到生成红色溶液,即证 明样品中含有铝。

2. 松花蛋中铅的鉴定

取一个松花蛋剥去蛋壳后,放入高速组织捣碎机中,按 2∶1 的蛋水比加水,捣 成匀浆。把所得匀浆倒入蒸发皿中,先在水浴上蒸发至干,然后放在电炉上小心炭 化至无烟后,移入高温炉内,在约 550 ℃灰化至呈白色灰烬。取出冷却后加入 1∶1 HNO_3 溶解所得灰分。

取所得样品溶液约 2 mL,加入 2 mL 1% HNO_3、2 mL 20%柠檬酸铵和 1 mL 20%盐酸羟胺,用 1∶1 氨水调节溶液 pH=9,再加入 5 mL 二硫腙使用液,剧烈摇 动约 1 min,静置分层后,观察有机溶剂($CHCl_3$)层中红色配合物的生成。

3. 火柴梗中 $K_2Cr_2O_7$ 的鉴定

取两根火柴,把火柴头压碎后放入试管中,加约 1 mL 水和少量酸,用适当的 还原剂检验其中的 $K_2Cr_2O_7$,或者用 $Pb(Ac)_2$ 生成黄色 $PbCrO_4$ 沉淀的方法检验。

(三) 食物中微量营养元素的鉴定

1. 海带中碘的鉴定

将除去泥沙后的海带切细、混匀,取均匀样品约 2 g 放入坩埚中,加入 5 mL 10 mol/L KOH。先在烘箱内烘干,然后放在电炉上低温炭化,再移入高温炉中,于 600 ℃灰化至呈白色灰烬。取出冷却后,加水约 10 mL 加热溶解灰分,并过滤。用 约 30 mL 热水分几次洗涤坩埚和滤纸,所得滤液供鉴定用。

取约 2 mL 供鉴定用滤液,加 2 mL 浓 H_2SO_4 和 10 mL 0.02 mol/L $K_2Cr_2O_7$, 摇匀后放置 30 min,然后再加入 10 mL $CHCl_3$ 剧烈摇动,静置分层,观察 $CHCl_3$ 层中碘的颜色。

2. 大豆中微量铁的鉴定

大豆样品经研磨粉碎,过筛(40 目)。称取约 2 g 样品,放入 50 mL 锥形瓶中,加入约 10 mL 浓 H_2SO_4,放在电炉上低温加热至瓶内硫酸开始冒白烟,继续加热 5 min,从电炉上取下。稍冷却,使瓶内温度保持为 60~70 ℃,逐滴加 2 mL 30% H_2O_2(必须缓慢滴加,以防反应过猛)。放电炉上继续加热 2 min。如果瓶内溶液仍有黑色或棕色物质,再从电炉上取下,稍冷却后再滴加 H_2O_2,随后再加热,如此反复处理,直至瓶内溶液完全无色为止。最后再加热 5 min,以除去过量的 H_2O_2,冷却后,溶液供以下检验用。

取上述样品溶液约 2 mL,加入约 0.2 mL 浓 H_2SO_4、0.1 mL 2% $K_2S_2O_8$ 和 1 mL 20% KSCN,观察有无血红色配合物生成。

3. 面粉中微量元素锌的鉴定

取约 5 g 标准粉,放入蒸发皿中,放在电炉上低温炭化,待浓烟挥尽后,转移入高温炉(500 ℃)中灰化。当蒸发皿内灰分呈白色残渣时,停止加热。取出冷却后,加 2 mL 6 mol/L HCl 或 HNO_3 溶液,放在水浴上加热蒸发至干。冷却后将所得物质加水溶解,即得到样品溶液。

取约 2 mL 样品溶液,用 1 mol/L HCl 或 HNO_3 溶液调节 pH=4.5~5,加 2 mL pH=4.74 的缓冲溶液,再加 0.5 mL 25% $Na_2S_2O_3$ 和 0.5 mL 20% 盐酸羟胺。混合摇匀后,加入约 5 mL 0.002% 二硫腙 CCl_4 溶液,经剧烈摇动后,静置分层。观察 CCl_4 层是否生成紫红色配合物。

(四) 消毒剂中的化学

选用适当的还原剂证明碘酒中的碘、双氧水中的 H_2O_2、高锰酸钾和漂白粉均具有很强的氧化性,记录实验现象并加以说明。

(五) 指纹鉴定

取一小条白纸用手指按一下,把按过的地方对准装有少量碘的试管口。用酒精灯加热试管底部,让试管中受热升华的紫红色碘蒸气接触到白纸。白纸上渐渐地显示出一个明显的棕色指纹(此实验在通风橱中进行)。

(六) 壁画之谜

取一片滤纸,涂上一层铅白,用 H_2S 气体熏,观察滤纸上的颜色变化,再用 H_2O_2 处理变色的滤纸,观察其颜色的变化。

五、思考题

① 正常牛奶与掺豆浆牛奶的主要差别是什么？如何鉴别？

② 如何区别正常蜂蜜与掺蔗糖蜂蜜？

③ 认识亚硝酸钠当食盐使用的危害,利用它们哪些不同的化学性质加以区别？

④ 指出铝对人体健康的危害,如何鉴定食品中含有铝？

⑤ 用什么方法鉴定食物中少量有害元素铅的存在？

⑥ 日常使用的火柴梗被何种有害物质污染过？为什么不宜用火柴梗剔牙？有哪些方法可以检验此类有害物质？

⑦ 碘对人体健康具有怎样的重要性？如何鉴定海带中碘的含量？

⑧ 采用什么方法检测大豆中微量元素铁？

⑨ 简述面粉中微量元素锌的鉴定方法？

⑩ 常用的消毒剂中哪些是靠物理作用、哪些是靠化学作用杀死细菌达到消毒作用的？举例说明这些化学作用。

⑪ 试说明指纹鉴定的化学原理。

⑫ 弄明白所谓"壁画之谜"的化学过程。

实验三十一　废干电池的综合利用

一、实验目的

① 进一步熟练无机物的实验室提取、制备、提纯、分析等方法与技能。

② 学习实验方案的设计。

③ 了解废弃物中有效成分的回收利用方法。

二、实验原理

日常生活中用的干电池为锌锰干电池。其负极为作为电池壳体的锌电极，正极是被 MnO_2（为增强导电能力，填充有炭粉）包围着的石墨电极，电解质是氯化锌及氯化铵的糊状物，其结构如图 31.1 所示。其电池反应为

$$Zn + 2NH_4Cl + 2MnO_2 = Zn(NH_3)_2Cl_2 + 2MnOOH$$

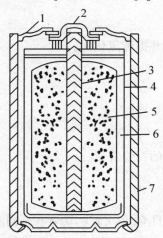

图 31.1　锌-锰电池构造图

1. 火漆　2. 黄铜帽　3. 石墨棒　4. 锌筒　5. 去极剂　6. 电解液＋淀粉　7. 厚纸壳

三、实验用品

仪器：

螺丝刀、剪刀、钳子、小刀、烧杯等。

材料：

废干电池（1 号、2 号均可）。

在使用过程中,锌皮消耗最多,二氧化锰只起氧化作用,氯化铵作为电解质没有消耗,炭粉是填料。因而回收处理废干电池可以获得多种物质,如铜、锌、二氧化锰、氯化铵和炭棒等,实为可以变废为宝的可利用资源。

回收时,剥去电池外层包装纸,用螺丝刀撬去顶盖,用小刀挖去盖下面的沥青层,即可用钳子慢慢拔出炭棒(连同铜帽),可留着作电解食盐水等的电极用。用剪刀(或钢锯片)把废电池外壳剥开,即可取出里面黑色的物质,它为二氧化锰、炭粉、氯化铵、氯化锌等的混合物。把这些黑色混合物倒入烧杯中,加入蒸馏水(按每节1号干电池加50 mL水计算),搅拌,溶解,过滤,滤液用以提取氯化铵,滤渣用以制备 MnO_2 及锰的化合物。电池的锌壳可用以制锌及锌盐。

剖开电池后(请同学利用课外活动时间预先分解废干电池)从下列三项中选做一项(按教师指定的内容做)。

四、实验内容

(一)从黑色混合物的滤液中提取氯化铵

1. 要求

① 设计实验方案,提取并提纯氯化铵。
② 产品定性检验:
a. 证实其为铵盐;
b. 证实其为氯化物;
c. 判断有无杂质存在。
③ 测定产品中 NH_4Cl 的百分含量。

2. 提示

已知滤液主要成分为 NH_4Cl 和 $ZnCl_2$,两者在不同温度下的溶解度见表31.1。

表 31.1 NH_4Cl 和 $ZnCl_2$ 在不同温度下的溶解度(g/100 g 水)

温度(K)	273	283	293	303	313	333	353	363	373
NH_4Cl	29.4	33.2	37.2	31.4	45.8	55.3	65.6	71.2	77.3
$ZnCl_2$	342	363	395	437	452	488	541	—	614

氯化铵在100 ℃时开始显著地挥发,338 ℃时离解,350 ℃时升华。

氯化铵与甲醛作用生成六次甲基四胺和盐酸,后者用氢氧化钠标准溶液滴定,便可求出产品中氯化铵的含量。有关反应为

$$4NH_4Cl + 6HCHO = (CH_2)_6N_4 + 4HCl + 6H_2O$$

测定步骤如下：

准确称取约 0.2 g 固体 NH_4Cl 产品两份，分别置于锥形瓶中，加蒸馏水 3 mL、40% 甲醛 2 mL，以酚酞为指示剂，预先用 0.1 mol/L NaOH 中和，以除去甲醛中含的甲酸，加酚酞指示剂 3～4 滴。摇匀，放置 5 min，然后用 0.1 mol/L NaOH 标准溶液滴定至溶液变红，30 s 不褪色即为终点。氯化铵的百分含量按下式计算：

$$NH_4Cl\% = 100 \times 0.053\ 5\ \frac{cV}{W}$$

式中：c、V 分别为 NaOH 标准溶液的浓度及滴定时耗用的体积(mL)；W 为 NH_4Cl 试样的重量(g)；0.053 5 为 NH_4Cl 式量除以 1 000 的值。

用同样方法测定另一份试样，然后计算 $NH_4Cl\%$ 的平均值。

（二）从黑色混合物的滤渣中提取 MnO_2

1. 要求

① 设计实验方案，精制二氧化锰。
② 设计实验方案，验证二氧化锰的催化作用。
③ 试验 MnO_2 与盐酸、MnO_2 与 $KMnO_4$ 的作用。

2. 提示

黑色混合物的滤渣中含有二氧化锰、炭粉和其他少量有机物。将之用水冲洗、滤干，灼烧以除去炭粉和其他有机物。粗二氧化锰中尚含有一些低价锰和少量其他金属氧化物，也应设法除去，以获得精制二氧化锰。纯二氧化锰密度为 53 g/mL，535 ℃时分解为 O_2 和 Mn_2O_3，不溶于水、硝酸和稀 H_2SO_4 中。

取精制二氧化锰作如下试验：

（1）催化作用

二氧化锰对氯酸钾热分解反应有催化作用。

（2）与浓 HCl 的作用

二氧化锰与浓 HCl 发生如下反应：

$$MnO_2 + 4HCl = MnCl_2 + Cl_2\uparrow + 2H_2O$$

（3）MnO_4^- 的生成及其歧化反应

在大试管中加入 5 mL 0.02 mol/L $KMnO_4$ 及 5 mL 2 mol/L NaOH 溶液，再加入少量所制备的 MnO_2 固体，验证所生成的 MnO_4^{2-} 的歧化反应。

注意：所设计的实验方法(或采用的装置)要尽可能避免产生实验室空气污染。

（三）锌壳制备 $ZnSO_4 \cdot 7H_2O$

1. 要求

① 设计实验方案，以锌单质制备七水硫酸锌。

② 产品定性检验：

a. 证实为硫酸盐；

b. 证实为锌盐；

c. 不含 Fe^{3+}、Cu^{2+}。

2. 提示

将洁净的碎锌片以适量的酸溶解。溶液中有 Fe^{3+}、Cu^{2+} 杂质时，设法除去。七水硫酸锌极易溶于水（在 15 ℃时，无水盐为 33.4%），不溶于乙醇。在 39 ℃时溶于结晶水，100 ℃时开始失水。在水中水解呈酸性。

附　　录

附录一　国际原子量表

名称	英文名	符号	原子量	名称	英文名	符号	原子量
氢	Hydrogen	H	1.007 94(7)	铁	Iron(Ferrum)	Fe	55.845(2)
氦	Helium	He	4.002 602(2)	钴	Cobalt	Co	58.933 200(9)
锂	Lithium	Li	6.941(2)	镍	Nickel	Ni	58.693 4(2)
硼	Boron	B	10.811(7)	铜	Copper(Cuprum)	Cu	63.546(3)
碳	Carbon	C	12.010 7(8)	锌	Zinc	Zn	65.39(2)
氮	Nitrogen	N	14.006 7(2)	镓	Gallium	Ga	69.723(1)
氧	Oxygen	O	15.999 4(3)	砷	Arsenic	As	74.921 60(2)
氟	Fluorine	F	18.998 403 2(5)	硒	Selenium	Se	78.96(3)
钠	Sodium (Natrium)	Na	22.989 770(2)	溴	Bromine	Br	79.904(1)
镁	Magnesium	Mg	24.305 0	锶	Strontium	Sr	87.62(1)
铝	Aluminium	Al	26.981 538(2)	锆	Zirconium	Zr	91.224(2)
硅	Silicon	Si	28.085 5(3)	钼	Molybdenum	Mo	95.94(1)
磷	Phosphorus	P	30.973 761(2)	锝	Technetium	Tc	[99]
硫	Sulfur	S	32.065(5)	钯	Palladium	Pd	106.42(1)
氯	Chlorine	Cl	35.453(2)	银	Silver(Argentum)	Ag	107.868 2(2)
钾	Potassium (Kalium)	K	39.098 3(1)	镉	Cadmium	Cd	112.411(8)
钙	Calcium	Ca	40.078(4)	铟	Indium	In	114.818(3)
钛	Titanium	Ti	47.867(1)	锡	Tin(Stannum)	Sn	118.710(7)
钒	Vanadium	V	50.941 5(1)	锑	Antimony (Stibium)	Sb	121.760(1)
铬	Chromium	Cr	51.996 1(6)	碘	Iodine	I	126.904 47(3)
锰	Manganese	Mn	54.938 049(9)	碲	Tellurium	Te	127.60(3)
氙	Xenon	Xe	131.293(6)	铂	Platinum	Pt	195.078(2)
钡	Barium	Ba	137.327(7)	金	Gold(Aurum)	Au	196.966 55(2)

名称	英文名	符号	原子量	名称	英文名	符号	原子量
镧	Lanthanum	La	138.905 5(2)	汞	Mercury (Hydrargyrum)	Hg	200.59(2)
铈	Cerium	Ce	140.116(1)	铅	Lead(Plumbum)	Pb	207.2(1)
钬	Holmium	Ho	164.930 32(2)	铋	Bismuth	Bi	208.980 38(2)
镱	Ytterbium	Yb	173.04(3)	钍	Thorium	Th	232.038 1(1)
钨	Tungsten (Wolfram)	W	183.84(1)	铀	Uranium	U	238.028 91(3)

附录二 常用化合物的相对分子量表

化合物	分子量	化合物	分子量	化合物	分子量
Ag_2AsO_4	462.52	BaO	153.33	CoS	90.99
$AgBr$	187.77	$Ba(OH)_2$	171.34	$CoSO_4$	154.99
$AgCl$	143.32	$BaSO_4$	233.39	$CoSO_4 \cdot 7H_2O$	281.10
$AgCN$	133.89	$BiCl_3$	315.34	$CO(NH_2)_2$	60.06
$AgSCN$	165.95	$BiOCl$	260.43	$CrCl_3$	158.35
Ag_2CrO_4	331.73	CO_2	44.01	$CrCl_3 \cdot 6H_2O$	266.45
AgI	234.77	CaO	56.08	$Cr(NO_3)_3$	238.01
$AgNO_3$	169.87	$CaCO_3$	100.09	Cr_2O_3	151.99
$AlCl_3$	133.34	CaC_2O_4	128.10	$CuCl$	98.999
$AlCl_3 \cdot 6H_2O$	241.43	$CaCl_2$	110.99	$CuCl_2$	134.45
$Al(NO_3)_3$	213.00	$CaCl_2 \cdot 6H_2O$	219.08	$CuCl_2 \cdot 2H_2O$	170.48
$Al(NO_3)_3 \cdot 9H_2O$	375.13	$Ca(NO_3)_2 \cdot 4H_2O$	236.15	$CuSCN$	121.62
Al_2O_3	101.96	$Ca(OH)_2$	74.09	CuI	190.45
$Al(OH)_3$	78.00	$Ca_3(PO_4)_2$	310.18	$Cu(NO_3)_2$	187.56
$Al_2(SO_4)_3$	342.14	$CaSO_4$	136.14	$Cu(NO_3)_2 \cdot 3H_2O$	241.60
$Al_2(SO_4)_3 \cdot 18H_2O$	666.41	$CdCO_3$	172.42	CuO	79.545
As_2O_3	197.84	$CdCl_2$	183.32	Cu_2O	143.09
As_2O_5	229.84	CdS	144.47	CuS	95.61
As_2S_3	246.02	$Ce(SO_4)_2$	332.24	$CuSO_4$	159.60
$BaCO_3$	197.34	$Ce(SO_4)_2 \cdot 2H_2O$	404.30	$CuSO_4 \cdot 5H_2O$	249.68
BaC_2O_4	225.35	$CoCl_2$	129.84	CH_3COOH	60.052
$BaCl_2$	208.24	$CoCl_2 \cdot 6H_2O$	237.93	CH_3COONa	82.034
$BaCl_2 \cdot 2H_2O$	244.27	$Co(NO_3)_2$	182.94	$CH_3COONa \cdot 3H_2O$	136.08
$BaCrO_4$	253.32	$Co(NO_3)_2 \cdot 6H_2O$	291.03	$C_4H_8N_2O_2$ （丁二酮肟）	116.12

化合物	分子量	化合物	分子量	化合物	分子量
$C_6H_4 \cdot COOH \cdot COOK$（苯二甲酸氢钾）	204.23	$H_2C_2O_4$	90.035	$KAl(SO_4)_2 \cdot 12H_2O$	474.38
$(C_9H_7N)_3H_3PO_4 \cdot 12MoO_3$（磷钼酸喹啉）	2 212.7	$H_2C_2O_4 \cdot 2H_2O$	126.07	KBr	119.00
$FeCl_2$	126.75	HCl	36.46	$KBrO_3$	167.00
$FeCl_2 \cdot 4H_2O$	198.81	HF	20.006	KCl	74.551
$FeCl_3$	162.21	HI	127.91	$KClO_3$	122.55
$FeCl_3 \cdot 6H_2O$	270.30	HIO_3	175.91	$KClO_4$	138.55
$FeNH_4(SO_4)_2 \cdot 12H_2O$	482.18	HNO_3	63.013	KCN	65.116
$Fe(NO)_3$	241.86	HNO_2	47.013	$KSCN$	97.18
$Fe(NO)_3 \cdot 9H_2O$	404.00	H_2O	18.015	K_2CO_3	138.21
FeO	71.846	H_2O_2	34.015	K_2CrO_4	194.19
Fe_2O_3	159.69	H_3PO_4	97.995	$K_2Cr_2O_7$	294.18
Fe_3O_4	231.54	H_2S	34.08	$K_3Fe(CN)_6$	329.25
$Fe(OH)_3$	106.87	H_2SO_3	82.07	$K_4Fe(CN)_6$	368.35
FeS	87.91	H_2SO_4	98.07	$KFe(SO_4) \cdot 12H_2O$	503.24
Fe_2S_3	207.87	$Hg(CN)_2$	252.63	KHC_2O_4	146.14
$FeSO_4$	151.90	$HgCl_2$	271.50	$KHC_2O_4 \cdot H_2C_2O_4 \cdot 2H_2O$	254.19
$FeSO_4 \cdot 7H_2O$	278.01	Hg_2Cl_2	472.09	$KHC_4H_4O_3$	188.18
$FeSO_4 \cdot (NH_4)_2SO_4 \cdot 6H_2O$	392.13	HgI_2	454.40	$KHSO_4$	136.16
H_3AsO_3	125.94	$Hg_2(NO_3)_2$	525.19	KI	166.00
H_3AsO_4	141.94	$Hg_2(NO_3)_2 \cdot 2H_2O$	516.22	KIO_3	214.00
H_3BO_3	61.83	$Hg(NO_3)_2$	324.60	$KIO_3 \cdot HIO_3$	389.91
HBr	80.912	HgO	216.59	$KMnO_4$	158.03
HCN	27.026	HgS	232.65	$KNaC_4H_4O_6 \cdot 4H_2O$	282.22
$HCOOH$	46.026	$HgSO_4$	296.65	KNO_3	101.10
H_2CO_3	62.025	Hg_2SO_4	497.24	KNO_2	85.104

化合物	分子量	化合物	分子量	化合物	分子量
K_2O	94.196	$(NH_4)_2CO_3$	96.086	$NaNO_2$	68.995
KOH	56.106	$(NH_4)_2C_2O_4$	124.10	$NaNO_3$	84.995
K_2SO_4	174.25	$(NH_4)_2C_2O_4 \cdot H_2O$	142.11	Na_2O	61.979
$MgCO_3$	84.314	NH_4SCN	76.12	Na_2O_2	77.978
$MgCl_2$	95.211	NH_4HCO_3	79.055	$NaOH$	39.997
$MgCl_2 \cdot 6H_2O$	203.30	$(NH_4)_2MoO_4$	196.01	Na_3PO_4	163.94
MgC_2O_4	112.33	NH_4NO_3	80.043	Na_2S	78.04
$Mg(NO_3)_2 \cdot 6H_2O$	256.41	$(NH_4)_2HPO_4$	132.06	$Na_2S \cdot 9H_2O$	240.18
$MgNH_4PO_4$	137.32	$(NH_4)_3PO_4 \cdot 12MoO_3$	1 876.3	Na_2SO_3	126.04
MgO	40.304	$(NH_4)_2S$	68.14	Na_2SO_4	142.04
$Mg(OH)_2$	58.32	$(NH_4)_2SO_4$	132.13	$Na_2S_2O_3$	158.10
$Mg_2P_2O_7$	222.55	NH_4VO_3	116.98	$Na_2S_2O_3 \cdot 5H_2O$	248.17
$MgSO_7 \cdot 7H_2O$	246.47	Na_3AsO_3	191.89	$Ni(C_4H_4N_2O_2)_2$ （丁二酮肟镍）	288.91
$MnCO_3$	114.95	$Na_2B_4O_7$	201.22	$NiCl_2 \cdot 6H_2O$	237.69
$MnCl_2$	197.91	$Na_2B_4O_7 \cdot 10H_2O$	38.37	NiO	74.69
$Mn(NO_3)_2 \cdot 6H_2O$	287.04	$NaBiO_3$	279.97	$Ni(NO_3)_2 \cdot 6H_2O$	290.79
MnO	70.937	$NaCN$	49.007	NiS	90.75
MnO_2	86.937	$NaSCN$	81.07	$NiSO_4 \cdot 7H_2O$	280.85
MnS	87.00	Na_2CO_3	105.99	P_2O_5	141.94
$MnSO_4$	151.00	$Na_2CO_3 \cdot 10H_2O$	286.14	$PbCO_3$	267.20
$MnSO_4 \cdot 4H_2O$	223.06	$Na_2C_2O_4$	134.00	PbC_2O_4	295.22
NO	30.006	$NaCl$	58.443	$PbCl_2$	278.10
NO_2	46.006	$NaClO$	74.442	$PbCrO_4$	323.20
NH_3	17.03	$NaHCO_3$	84.007	$Pb(CH_3COO)_2$	325.30
CH_3COONH_4	77.083	$NaH_2PO_4 \cdot 12H_2O$	358.14	$Pb(CH_3COO)_2 \cdot 3H_2O$	379.30
NH_4Cl	53.49	$Na_2H_2Y \cdot 2H_2O$	372.24	PbI_2	46.00

化合物	分子量	化合物	分子量	化合物	分子量
$Pb(NO_3)_2$	33.20	SiO_2	60.084	$UO_2(CH_3COO)_2$ $\cdot 2H_2O$	424.15
PbO	223.20	$SnCl_2$	189.60	$ZnCO_3$	125.39
PbO_2	239.20	$SnCl_2 \cdot 2H_2O$	225.63	ZnC_2O_4	153.40
$Pb_3(PO_4)_2$	811.54	$SnCl_4$	260.50	$ZnCl_2$	136.29
PbS	239.30	$SnCl_4 \cdot 5H_2O$	350.58	$Zn(CH_3COO)_2$	183.47
$PbSO_4$	303.30	SnO_2	150.69	$Zn(CH_3COO)_2 \cdot$ $2H_2O$	219.50
SO_3	80.06	SnS	150.75	$Zn(NO_3)_2$	189.39
SO_2	64.06	$SrCO_3$	147.63	$Zn(NO_3)_2 \cdot 6H_2O$	297.48
$SbCl_3$	228.11	SrC_2O_4	175.64	ZnO	81.38
$SbCl_5$	299.02	$SrCrO_4$	203.61	ZnS	97.44
Sb_2O_3	291.50	$Sr(NO_3)_2$	211.63	$ZnSO_4$	161.44
Sb_2S_3	339.68	$Sr(NO_3)_2 \cdot 4H_2O$	283.69	$ZnSO_4 \cdot 7H_2O$	287.54
SiF_4	104.08	$SrSO_4$	183.68		

附录三　几种常用酸碱的密度和浓度

酸或碱	分子式	密度(g/mL)	溶质质量分数	浓度(mol/L)
冰醋酸	CH_3COOH	1.05	0.995	17
稀醋酸		1.04	0.34	6
浓盐酸	HCl	1.18	0.36	12
稀盐酸		1.10	0.20	6
浓硝酸	HNO_3	1.42	0.72	16
稀硝酸		1.19	0.32	6
浓硫酸	H_2SO_4	1.84	0.96	18
稀硫酸		1.18	0.25	3
磷酸	H_3PO_4	1.69	0.85	15
浓氨水	$NH_3 \cdot H_2O$	0.90	$0.28 \sim 0.30(NH_3)$	15
稀氨水		0.96	0.10	6
稀氢氧化钠	$NaOH$	1.22	0.20	6

附录四 基准试剂的干燥条件

基准试剂	使用前的干燥条件
碳酸钠	在坩埚中加热到 270～300 ℃，干燥至恒重
氨基磺酸	在抽真空的硫酸干燥器中放置约 48 h
邻苯二甲酸氢钾	在 105～110 ℃下干燥至恒重
草酸钠	在 105～110 ℃下干燥至恒重
重铬酸钾	在 140 ℃下干燥至恒重
碘酸钾	在 105～110 ℃下干燥至恒重
溴酸钾	在 180 ℃下干燥 1～2 h
As_2O_3	在硫酸干燥器中干燥至恒重
铜	在硫酸干燥器中放置 24 h
氯化钠	在 500～600 ℃下灼烧至恒重
氟化钠	在铂坩埚中加热到 600～650 ℃，灼烧至恒重
锌	用 6 mol/L HCl 冲洗表面，再用水、乙醇、丙酮冲洗，在干燥器中放置 24 h

附录五　特殊试剂的配制

一、甲基橙-二甲苯赛安路 FF 混合指示剂(也称遮蔽指示剂,变色点 3.8)

称取甲基橙 1.0 g,用 500 mL 水完全溶解。另称取 1.8 g 蓝色染料二甲苯赛安路 FF,用 500 mL 酒精完全溶解,然后将这两种指示剂混合均匀。取 2 滴指示剂用于酸碱滴定,检查是否有明显的颜色变化。如终点呈蓝灰色,可在原指示剂中滴加甲基橙(w(质量分数)为 0.001)少许;如终点呈灰绿色稍带红,可滴加少许蓝色染料。调至有敏锐的终点(即从碱性变到酸性由绿色变为淡灰或无色)后,贮存于棕色瓶中。

二、酚酞(w 为 0.01)指示剂

溶解 1 g 酚酞于 90 mL 酒精与 10 mL 水的混合液中。

三、百里酚蓝和甲酚红混合指示剂

取 3 份 w 为 0.001 的百里酚蓝酒精溶液与 1 份 w 为 0.001 的甲酚红溶液混合均匀(在混合前一定要溶解完全)。

四、淀粉(w 为 0.005)溶液

在盛有 5 g 可溶性淀粉与 100 mg 氯化锌的烧杯中,加入少量水,搅匀。把得到的糊状物倒入约 1 L 正在沸腾的水中,搅匀并煮沸至完全透明。淀粉溶液最好现用现配。

五、二苯胺磺酸钠(w 为 0.005)

称取 0.5 g 二苯胺磺酸钠溶解于 100 mL 水中,如溶液浑浊,可滴加少量 HCl 溶液。

六、铬黑 T 指示剂

1 g 铬黑 T 与 100 g 无水 Na_2SO_4 固体混合,研磨均匀,放入干燥的磨口瓶中,保存于干燥器内。该指示剂也可配成 w 为 0.05 的溶液使用,配制方法如下:

0.5 g 铬黑 T 加 10 mL 三乙醇胺和 90 mL 乙醇,充分搅拌使其溶解完全。配制的溶液不宜久放。

七、钙指示剂

钙指示剂与固体无水 Na_2SO_4 以 2∶100 的比例混合,研磨均匀,放入干燥棕色瓶中,保存于干燥器内。或配成 w 为 0.005 的溶液使用(最好用新配制的)。配制方法与铬黑 T 类似。

八、甲基红(w 为 0.001)

溶 0.1 g 甲基红于 60 mL 酒精中,加水稀释至 100 mL。

九、镁试剂 I

溶 0.001 g 对硝基苯偶氮间苯二酚于 100 mL 1 mol/L NaOH 溶液中。

十、铝试剂(w 为 0.002)

溶 0.2 g 铝试剂于 100 mL 水中。

十一、奈斯勒试剂

将 11.5 g HgI_2 及 8 g KI 溶于水中稀释至 50 mL,加入 6 mol/L NaOH 50 mL,静置后取清液贮于棕色瓶中。

十二、醋酸铀酰锌

溶解 10 g $UO_2(Ac)_2 \cdot 2H_2O$ 于 6 mL w 为 0.30 的 HAc 中,略微加热使其溶解,稀释至 50 mL(溶液 A)。另溶解 30 g $Zn(Ac)_2 \cdot 2H_2O$ 于 6 mL w 为 0.30 的 HAc 中,搅动后稀释到 50 mL(溶液 B)。将这两种溶液加热至 70 ℃后混合,静置 24 h,取其澄清溶液贮于棕色瓶中。

十三、钼酸铵试剂(w 为 0.05)

5 g $(NH_4)_2MoO_4$ 加 5 mL 浓 HNO_3,加水至 100 mL。

十四、磺基水杨酸(w 为 0.10)

10 g 磺基水杨酸溶于 65 mL 水中,加入 35 mL 2 mol/L NaOH,摇匀。

十五、铁铵矾$(NH_4)Fe(SO_4)_2 \cdot 12H_2O$($w$ 约为 0.40)

铁铵矾的饱和水溶液加浓 HNO_3 至溶液变清。

十六、硫代乙酰胺(w 为 0.05)

溶解 5 g 硫代乙酰胺于 100 mL 水中,如浑浊须过滤。

十七、二乙酰二肟

溶解 1 g 二乙酰二肟于 100 mL w 为 0.95 的酒精中。

十八、钴亚硝酸钠试剂

溶解 $NaNO_3$ 23 g 于 55 mL 水中,加 6 mol/L HAc 16.5 mL 及 $Co(NO_3)_2 \cdot 6H_2O$ 3 g,静置过夜,过滤或取其清液,稀释至 100 mL 贮存于棕色瓶中。每隔 4 星期重新配制,或直接加六硝基合钴酸钠固体于水中,至溶液为深红色即可使用。

十九、亚硝酰铁氰化钠

溶解 1 g 亚硝酰铁氰化钠于 100 mL 水中。每隔数日,即须重新配制。

二十、硝胺指示剂(w 为 0.001)

0.1 g 硝胺溶于 100 mL w 为 0.70 的酒精溶液中。

二十一、邻菲罗啉指示剂(w 为 0.002 5)

0.25 g 邻菲罗啉加几滴 6 mol/L H_2SO_4,溶于 100 mL 水中。

二十二、硫氰酸汞铵$(NH_4)_2[Hg(SCN)_4]$

溶 8 g $HgCl_2$ 和 9 g NH_4SCN 于 100 mL 水中。

二十三、氯化亚锡(1 mol/L)

溶 23 g $SnCl_2 \cdot H_2O$ 于 34 mL 浓 HCl 中,加水稀释至 100 mL,临用时配制。

二十四、二苯碳酰二肼丙酮溶液(w 为 0.002 5)

称取 0.25 g 二苯碳酰二肼,溶于 100 mL 丙酮中。

二十五、喹钼柠酮混合溶液沉淀剂

溶液 1:称取 70 g 钼酸钠,溶于 150 mL 蒸馏水中。
溶液 2:称取 60 g 柠檬酸,溶于 85 mL 硝酸和 150 mL 蒸馏水的混合液中,冷却。
溶液 3:在不断搅拌下将溶液 1 慢慢加至溶液 2 中。
溶液 4:取喹啉 5 mL,溶于 35 mL 浓 HNO_3 和 100 mL 蒸馏水的混合液中,然后在不断搅拌下将溶液 4 缓慢加至溶液 3 中,混匀,放置暗处 24 h 后,过滤。在溶液中加入丙酮 280 mL(如试样中不含铵离子,也可不加丙酮),用蒸馏水稀释至 1 L,混匀后贮存于聚乙烯瓶中,放置暗处备用。

二十六、二苯硫腙

溶解 0.1 g 二苯硫腙于 1 000 mL CCl_4 或 $CHCl_3$ 中。

二十七、甲基橙（w 为 0.001）

溶解 0.1 g 甲基橙于 100 mL 水中，必要时加以过滤。

二十八、银氨溶液

溶解 1.7 g $AgNO_3$ 于 17 mL 浓氨水中，再用蒸馏水稀释至 1 L。

二十九、碘化钾-亚硫酸钠溶液

将 50 g KI 和 200 g $Na_2SO_3 \cdot 7H_2O$ 溶于 1 000 mL 水中。

三十、α-萘胺

0.3 g α-萘胺与 20 mL 水煮沸，在所得溶液中加 150 mL 2 mol/L HAc。

附录六　常用缓冲溶液及其配制方法

序号	缓冲溶液组成	pK_a	缓冲液 pH	缓冲溶液配制方法
1	氨基乙酸-HCl	2.35 (pK_{a_1})	2.3	取氨基乙酸 150 g 溶于 500 mL 水中后,加浓 HCl 80 mL,加水稀释至 1 L
2	H_3PO_4-柠檬酸盐		2.5	取 $Na_2HPO_4 \cdot 12H_2O$ 113 g 溶于 200 mL 水中后,加柠檬酸 387 g,溶解后,稀释至 1 L
3	一氯乙酸-NaOH	2.86	2.8	取 200 g 一氯乙酸溶于 200 mL 水中,加 NaOH 40 g,溶解后,稀释至 1 L
4	邻苯二甲酸氢钾-HCl	2.95 (pK_{a_1})	2.9	取 500 g 邻苯二甲酸氢钾溶于 500 mL 水中,加浓 HCl 180 mL,稀释至 1 L
5	甲酸-NaOH	3.76	3.7	取 95 g 甲酸和 40 g NaOH 溶于 500 mL 水中,溶解后,稀释至 1 L
6	NH_4Ac-HAc		4.5	取 NH_4Ac 77 g 溶于 200 mL 水中,加冰醋酸 59 mL,稀释至 1 L
7	NaAc-HAc	4.74	4.7	取无水 NaAc 83 g 溶于水中,加冰醋酸 60 mL,稀释至 1 L
8	NaAc-HAc	4.74	5.0	取无水 NaAc 160 g 溶于水中,加冰醋酸 60 mL,稀释至 1 L
9	NH_4Ac-HAc		5.0	取 NH_4Ac 250 g 溶于水中,加冰醋酸 25 mL,稀释至 1 L
10	六次甲基四胺-HCl	5.15	5.4	取六次甲基四胺 40 g 溶于 200 mL 水中,加浓 HCl 10 mL,稀释至 1 L
11	NH_4Ac-HAc		6.0	取 NH_4Ac 600 g 溶于水中,加冰醋酸 20 mL,稀释至 1 L
12	NaAc-Na_2HPO_4		8.0	取无水 NaAc 50 g 和 $Na_2HPO_4 \cdot 12H_2O$ 50 g 溶于水中,稀释至 1 L

序号	缓冲溶液组成	pK_a	缓冲液 pH	缓冲溶液配制方法
13	Tris-HCl(三羟甲基氨甲烷 CNH$_2$≡(HOCH$_3$)$_3$)	8.21	8.2	取 25 g Tris 试剂溶于水中,加浓 HCl 8 mL,稀释至 1 L
14	NH$_3$-NH$_4$Cl	9.26	9.2	取 NH$_4$Cl 54 g 溶于水中,加浓氨水 63 mL,稀释至 1 L
15	NH$_3$-NH$_4$Cl	9.26	9.5	取 NH$_4$Cl 54 g 溶于水中,加浓氨水 126 mL,稀释至 1 L
16	NH$_3$-NH$_4$Cl	9.26	10.0	取 NH$_4$Cl 54 g 溶于水中,加浓氨水 350 mL,稀释至 1 L

说明:

① 缓冲溶液配制后可用 pH 试纸检查。若 pH 不对,可用共轭酸或碱调节。pH 欲调节精确时,可用 pH 剂调节。

② 若需增加或减少缓冲溶液的缓冲容量,可相应增加或减少共轭酸碱对物质的量,再进行调节。

附录七　标准缓冲溶液及其配制方法

序号	标准缓冲溶液	不同温度下的 pH					标准缓冲溶液配制方法
		15 ℃	20 ℃	25 ℃	30 ℃	38 ℃	
1	0.05 mol/L 草酸三氢钾	1.672	1.675	1.679	1.683	1.691	称取(54±3)℃下烘干4～5 h的草酸三氢钾12.71 g,溶于水中,在容量瓶中稀释至1 L
2	25 ℃饱和酒石酸氢钾	—	—	3.557	3.552	3.548	在(25±5)℃下,在磨口玻璃瓶中装入20 g $KHC_4H_4O_6$,1 L水,剧烈摇动30 min,溶液澄清后,用倾注法取其清液备用
3	0.05 mol/L 邻苯二甲酸氢钾	3.999	4.002	4.008	4.015	4.030	称取(115±5)℃下烘干2～3 h的 $KHC_8H_4O_4$ 10.21 g,溶于水中,在容量瓶中稀释至1 L
4	0.025 mol/L KH_2PO_4 ＋0.025 mol/L Na_2HPO_4	6.900	6.881	6.865	6.853	6.840	称取(115±5)℃下烘干2～3 h的 Na_2HPO_4 3.55 g和 KH_2PO_4 3.4 g溶于水中,在容量瓶中稀释至1 L
5	0.008 695 mol/L KH_2PO_4 ＋0.030 43 mol/L Na_2HPO_4	7.448	7.429	7.413	7.400	7.384	称取(115±5)℃下烘干2～3 h的 Na_2HPO_4 4.30 g和 KH_2PO_4 1.179 g溶于水中,在容量瓶中稀释至1 L
6	0.01 mol/L 硼砂	9.276	9.225	9.180	9.139	9.081	称取 $Na_2B_4O_7 \cdot 10H_2O$ 3.81 g(注意:不能烘!),溶于水中,在容量瓶中稀释至1 L
7	25 ℃饱和氢氧化钙	12.810	12.627	12.454	12.289	12.043	在(25±5)℃下,在1 L磨口玻璃瓶中装入 Ca(OH)$_2$ 5～10 g,加入1 L水

附录八 常用指示剂的配制与变色范围

一、酸碱指示剂(18～25 ℃)

序号	指示剂名称	变色 pH 范围	颜色变化	溶液配制方法
1	甲基紫 (第一变色范围)	0.13～1.8	黄～绿	0.1%或 0.05%的水溶液
2	甲基红 (第一变色范围)	0.2～1.8	红～黄	0.04 g 指示剂溶于 100 mL 50%乙醇
3	甲基紫 (第二变色范围)	1.0～1.5	绿～蓝	0.1%水溶液
4	百里酚蓝 (麝香草酚蓝) (第一变色范围)	1.2～2.8	红～蓝	0.1 g 指示剂溶于 100 mL 20%乙醇
5	甲基紫 (第三变色范围)	2.0～3.0	蓝～紫	0.1%水溶液
6	甲基橙	3.1～4.4	红～橙黄	0.1%水溶液
7	溴酚蓝	3.0～4.6	黄～蓝	0.1 g 指示剂溶于 100 mL 20%乙醇
8	刚果红	3.0～5.2	蓝紫～红	0.1%水溶液
9	溴甲酚绿	3.8～5.4	黄～蓝	0.1 g 指示剂溶于 100 mL 20%乙醇
10	甲基红	4.4～6.2	红～黄	0.1 g 或 0.2 g 指示剂溶于 100 mL 60%乙醇
11	溴酚红	5.0～6.8	黄～红	0.1 g 或 0.04 g 指示剂溶于 100 mL 20%乙醇
12	溴百里酚蓝	6.0～7.6	黄～蓝	0.05 g 指示剂溶于 100 mL 20%乙醇
13	中性红	6.8～8.0	红～亮黄	0.1 g 或 0.2 g 指示剂溶于 100 mL 60%乙醇
14	酚红	6.8～8.0	黄～红	0.1 g 指示剂溶于 100 mL 20%乙醇
15	甲酚红	7.2～8.8	亮黄～紫红	0.1 g 指示剂溶于 100 mL 50%乙醇
16	百里酚蓝 (麝香草酚蓝) (第二变色范围)	8.0～9.0	黄～蓝	0.1 g 指示剂溶于 100 mL 20%乙醇
17	酚酞	8.2～10.0	无色～紫红	0.1 g 指示剂溶于 100 mL 60%乙醇
18	百里酚酞	9.4～10.6	无色～蓝	0.1 g 指示剂溶于 100 mL 90%乙醇

二、混合酸碱指示剂

序号	指示剂溶液的组成	变色点 pH	颜色 酸色	颜色 碱色	备注
1	3 份 0.1％溴甲酚绿乙醇溶液 1 份 0.2％甲基红乙醇溶液	5.1	酒红	绿	
2	1 份 0.2％甲基红乙醇溶液 1 份 0.1％次甲基蓝乙醇溶液	5.4	红紫	绿	pH 5.2　紫红 pH 5.4　暗蓝 pH 5.6　绿
3	1 份 0.1％溴甲酚绿钠盐水溶液 1 份 0.1％绿酚红钠盐水溶液	6.1	黄绿	蓝紫	pH 5.4　蓝绿 pH 5.8　蓝 pH 6.2　蓝紫
4	1 份 0.1％中性红乙醇溶液 1 份 0.1％次甲基蓝乙醇溶液	7.0	蓝紫	绿	pH 7.0　蓝紫
5	1 份 0.1％溴百里酚蓝钠盐水溶液 1 份 0.1％酚红钠盐水溶液	7.5	黄	绿	pH 7.2　暗绿 pH 7.4　淡紫 pH 7.6　深紫
6	1 份 0.1％甲酚红钠盐水溶液 3 份 0.1％百里酚蓝钠盐水溶液	8.3	黄	绿	pH 8.2　玫瑰色 pH 8.4　紫色

三、氧化还原指示剂

序号	指示剂名称	$\varphi^{\theta'}$ (V) $[H^+]=1$ mol/L	颜色变化 氧化态	颜色变化 还原态	溶液配制方法
1	二苯胺	0.76	紫	无色	1％浓 H_2SO_4 溶液
2	二苯胺磺酸钠	0.85	紫红	无色	0.5％水溶液
3	N-邻苯氨基苯甲酸	1.08	紫红	无色	0.1 g 指示剂加 20 mL 5％ Na_2CO_3 溶液,用水稀释至 100 mL

序号	指示剂名称	$\varphi^{o'}$ (V) $[H^+]=1$ mol/L	颜色变化		溶液配制方法
			氧化态	还原态	
4	邻二氮菲-Fe(Ⅱ)	1.06	浅蓝	红	1.485 g 邻二氮菲加 0.965 g $FeSO_4$，稀释至 100 mL(0.025 mol/L 水溶液)
5	5-硝基邻二氮菲-Fe(Ⅱ)	1.25	浅蓝	紫红	1.608 g 5-硝基邻二氮菲加 0.695 g $FeSO_4$，稀释至 100 mL (0.025 mol/L 水溶液)

四、金属离子指示剂

序号	指示剂名称	离解平衡和颜色变化	溶液配制方法
1	铬黑 T(EBT)	$pK_{a_2}=6.3$　$pK_{a_3}=11.55$ $H_2In^- \rightleftharpoons HIn^{2-} \rightleftharpoons In^{3-}$ 紫红　　蓝　　橙	0.5%水溶液
2	二甲酚橙(XO)	$pK_{a_2}=6.3$ $H_3In^{3-} \rightleftharpoons H_2In^{4-}$ 黄　　红	0.2%水溶液
3	K-B 指示剂	$pK_{a_1}=8.0$　$pK_{a_2}=13.0$ $H_2In \rightleftharpoons HIn^- \rightleftharpoons In^{2-}$ 红　　蓝　　紫红	0.2 g 酸性铬蓝 K 与 0.4 g 萘酚绿 B 溶于 100 mL
4	钙指示剂	$pK_{a_2}=7.4$　$pK_{a_3}=13.5$ $H_2In^- \rightleftharpoons HIn^{2-} \rightleftharpoons In^{3-}$ 酒红　　蓝　　酒红	0.5%乙醇溶液
5	吡啶偶氮萘酚(PAN)	$pK_{a_1}=1.9$　$pK_{a_2}=12.2$ $H_2In^- \rightleftharpoons HIn^{2-} \rightleftharpoons In^{3-}$ 黄绿　　黄　　淡红	0.1%乙醇溶液
6	Cu-PAN (Cu-PAN 溶液)	$CuY+PAN+M^{n+} \rightleftharpoons MY+Cu\text{-}PAN$ 浅绿　　无色　　红色	将 0.05 mol/L Cu^{2+} 溶液10 mL，加 pH 5～6 的 HAc 缓冲溶液 5 mL,1 滴 PAN 指示剂,加热至 60 ℃左右,用 EDTA 滴至绿色,得到约 0.025 mol/L 的 CuY 溶液。使用时取 2～3 mL,再加数滴 PAN 指示剂

序号	指示剂名称	离解平衡和颜色变化	溶液配制方法
7	磺基水杨酸	$pK_{a_2} = 2.7 \quad pK_{a_3} = 13.1$ $H_2In^- \rightleftharpoons HIn^{2-} \rightleftharpoons In^{3-}$ （无色）	1％水溶液
8	钙镁试剂	$pK_{a_2} = 8.1 \quad pK_{a_3} = 12.4$ $H_2In^- \rightleftharpoons HIn^{2-} \rightleftharpoons In^{3-}$ 红　　　　蓝　　　红橙	0.5％水溶液

注：EBT、钙指示剂、K-B 指示剂等在水溶液中稳定性较差，可以配成指示剂与 NaCl 之比为
　　1∶100 或 1∶1 200 的固体粉末。

附录九　几种常用化学手册和参考书

在做化学实验的过程中,特别是在设计实验方案及书写实验报告时,经常需要了解各种物质的性质(如颜色、熔点、沸点、密度、溶解度、化学特性等),查找各种物质的制备方法、分析方法及各种溶液的配制方法等等。为此,学会从参考书中查找需要的资料是很重要的,它是培养分析问题和解决问题能力的重要一环。这里仅介绍几种常用的手册和综合参考书,供参考。

一、《化学实验基础》(孙尔康等编,南京大学出版社,1991)

该书是一本综合性实验讲座教材,系统介绍了化学实验的基本知识、基本操作和基本技术;常用仪器、仪表和大型仪器的原理、操作及注意事项;计算机技术、误差和数据处理、文献查阅等。

二、《重要无机化学反应》(陈寿椿等编,第 9 版,上海科技出版社,1994)

该书共汇编了 69 个元素和 55 种阴离子的各种化学反应,共约 20 000 条。并分别对它们的共同性、一般理化性质以及反应操作方法做了详述。此外也介绍了几种常用试剂的若干反应,书末还附有各种常用试剂的配制方法。

三、《无机合成(第 1～20 卷)》(美国化学会无机合成编辑委员会编,申泮文等译,科学出版社,1959～1986)

该书介绍了无机化合物的合成方法、合成物的性质和保存方法。每种合成都经过检验复核,比较可靠。

四、《无机化合物合成手册》(日本化学会编,曹惠民等译,化学工业出版社,1983～1986)

该书共 3 卷,收集了常见及重要无机化合物 2 151 种,是制备无机化合物常用的工具书。

五、《现代化学试剂手册》(段长强等编,化学工业出版社,1986～1992)

该书介绍了化学试剂的组成、结构、理化性质、合成方法、提纯方法、贮存等方面的知识。全书分为 5 个分册:
① 通用试剂;
② 化学分析试剂;

③ 生化试剂；

④ 无机离子显色剂；

⑤ 金属有机试剂。

六、《分析化学手册》(杭州大学化学系等合编,化学工业出版社,1978～1989)

该书是一本分析化学工具书,收集分析化学方面的数据较全,介绍实验方法详尽。本书共分 5 个分册：

① 基础知识与安全知识；

② 化学分析；

③ 光学分析与电化学分析；

④ 色谱分析；

⑤ 质谱与核磁共振。

七、《Handbook of Analytical Chemistry》(Meites L, New York: McGraw-Hill Book Company,1963)

该书是一本分析化学专业性手册,以表格的形式组织了大量与分析化学有关的数据和方法,并适当安排一些理论说明与分析。一般在表格后附有参考文献,可直接利用手册选择合适的分析方法。

八、《实用化学手册》(张向宇等编,国防工业出版社,1986)

该书共 17 章,介绍了元素和无机、有机化合物的各项性质以及电化学、仪器分析、分离纯化、安全知识等。

九、《CRC Handbook of Chemistry and Physics》(Boca Raton,Weast R C et al,73rd ed,CRC Press,1992～1993)

该书 1914 年出第 1 版,以后逐年修订出版。主要介绍了数学、物理、化学常用的参考资料和数据,是应用最广的手册之一。

十、《Lange's Handbook of Chemistry》(Dean J A, 13th ed. New York:McGraw-Hill Book Company,1985)

该书是较常用的化学手册。内容包括数学、原子和分子结构、无机化学、分析化学、电化学、有机化学、光谱学,热力学性质、物理性质等方面的资料和数据。该版已有中译本(尚久方等译,科学出版社出版,1991)。

附录十　因特网上的化学化工资源

因特网上有着丰富的化学化工资料，从因特网上检索资料方便、快捷。下面介绍如何从因特网上检索化学化工资料，并列出了一些有用的域名地址。

一、因特网资源指南

因特网上可提供的化学化工资料不计其数，要进行检索，首先要了解其上有哪些主题及服务形式以及它们的网址，这些内容可从网上的资源指南或虚拟图书馆（World Wide Web Virtual Library）中获得，读者可从下列地址中获得有关指南。

（一）美国

http：//www. rpi. edu/dept/chem/cheminfo/chemres. html

（二）英国

http：//www. ch. qub. ac. uk/webchemistry/webchem. html

（三）澳大利亚

http：//www. latrobe. edu. au/chejs/Chem. html

虚拟图书馆是一种将因特网上某一学科的各种资料进行汇总及分类的服务器，利用这些虚拟图书馆，用户只需用鼠标在自己感兴趣的内容上轻轻一点，服务器就会自动与有关资料所在的网点连接，调出有关资料。

二、化学及化工虚拟图书馆

（一）化学虚拟图书馆

http：//www. chem. uCla. edu/chempointers. html
http：//www. che. ufl. edu/WWW/CHE/outline. html

（二）联机检索

联机检索一般是收费的，用户须先交纳一定费用，建立一个账户后才能上机检索。

1. CA(Chemical Abstracts)

http://info. cas. org

美国《化学文摘》(CA)是举世公认的收录内容广泛、索引齐备、自 1907 年创刊以来从未间断的化学情报检索工具,它已收录了 1 300 万条文摘,包括 1 650 万种化学物质。除传统的印刷出版物外,CA 还有光盘版,并可进行联机检索,其收费与检索的信息量大小有关,检索时若不要求及时显示,而请求在远程打印机上打印后再将打印件通过邮局寄过来,可减少一些费用。

2. SCI (SCience Citation Index)

http://www. isinet. com

美国科学情报研究所出版的《科学引文索引》(SCI),对世界上 3 300 多种各学科著名科学及技术期刊上的论文进行收录,是检索某作者的论文被其他论文引用情况的一种重要索引。某论文被别人引用次数的多少及能否被 SCI 收录,被公认为是评价该论文学术水平高低的一个指标。查阅 SCI,除查阅传统的印刷品外,还可查阅磁带、光盘以及联机检索,其中以联机检索最为快捷方便,可检索到一周前的收录情况。

(三) 图书

国外的许多出版社都通过因特网提供其出版物的目录等信息,Titlenet(gopher://infx. infor. com)是一个供各出版社展示并描述其书籍、杂志等出版物的网站,用户可从此网站上了解到各种新图书的内容简介、价格等信息。一些国外著名的出版社的地址如下:

Oxford University Press　http://www. oup. co. uk

American Chemical Society Publications　http://pubs. acs. org

Chapman & Hall Online Publishing　http://www. chaphall. com/chaphall. html

Elsevier Science WWW Server　http://www. elsevier. nl

Beilstein Information Systems　http://www. beilstein. com

(四) 期刊论文

BetaCyte(http://www. betacyte. com)是一个专门为客户提供有关化学信息的服务机构。BetaCyte 的期刊分页(http://www. betacyte. com/journals. htmL)是目前最全面、更新最快的化学期刊站点,通过它可以查询到 350 多种已上网的化学期刊的网址及一些期刊的简介,如收费情况、期刊涉及的研究领域及访问权限等。BetaCyte 的期刊快讯电子邮件组(Journal Alert Mailing List)是一个用 E-mail

及时将网络上期刊的变更情况通知客户的服务器。

用户只要进到 BetaCyte 的期刊分页，在 NAME 及 MAIL 框中分别填上自己的姓名及 E-mail 地址，然后按 SEND 键，即可获得此项服务。发表于各种期刊杂志上的论文是化学资料的一个重要来源，目前许多期刊正在因特网上试发行电子版，例如：

美国的《化学物理杂志》(Journal of Chemical Physics, http：// jcp. uchicago. edu)将已被其接受但尚未发表的论文全文以电子快报的形式在因特网上出版，用户可用电子邮件向其索要免费的现刊目录，其 E-mail 地址为：Express@jcp. uchicago. edu。

美国的《生物化学杂志》(Journal of Biological Chemistry, http：// www. jbc. org/)将已被其接受但尚未发表的论文全文以电子快报的形式在因特网上出版，用户可用电子邮件向其索要免费的现刊目录，其 E-mail 地址为：Express@jcp. uchicago. edu。

美国的《分析化学评述》(Critical Reviews in Analytical Chemistry, http：// www. crcpress. com/jour/crac/crac. htm)。

俄罗斯的《化学杂志》(Zhurnal Ross. Khim. Ob\vaimD. I. Mendeleeva, http：// www. chem. msu. su/eng/journals/jvho/index. html)。

中国的《化学通报》(http：// www. chinaroad. cn. net)。

（五）专利

网上专利服务器(http：// www. micropat. com)，提供查阅 1974 年以后的美国专利服务。用户注册后，即可获得免费查阅美国专利及最新专利信息的投寄服务。

美国专利及商标局(http：// www. uspto. gov)，可查阅有关专利。

（六）研究报告

美国航空航天局科学技术情报所(http：// www. sti. nasa. gov)，对外公开的资料中有一些是关于化学、材料、生命科学等方面的研究报告，这些报告可用匿名 ftp：// ftp. sti. nasa. gov 或 GopHer：// gopHer. sti. nasa. gov 获取。

（七）技术标准

美国文献中心(Document Center, http：// www. doccenter. com/doccenter)，是一个查询并从因特网上投寄有关政府及工业标准的服务器，从此可查到美国国防部及美国实验材料协会(ASTM)的标准。美国国家标准及技术研究所 Gopher(U. S. National Institute for Standards and Technology Gopher, gopHer：// server. nist. gov)，也可查阅一些美国国家标准。

（八）数据库(Databases)

因特网上有许多化学数据库，如有害化学品数据库（Hazardous Chemical

Database,http：∥odin. chemistry. uakron. edu/erd),可查阅 1 300 多种化学物质的毒性、保存及销毁方法,它可根据名称、分子式及 CA 登记号等进行检索。

Daresbury 实验室的数据库(http：∥www. dl. ac. uk/TCSC/databases. html),包括了晶体学、有机合成、光谱及物理化学等方面的数据库。

圣地亚哥州立大学的化学数据库(http：∥www. vuw. ac. nz/non/local/chemistry),提供关于化合物鉴定、性质、结构测定、毒性、合成方法、登记号和一些化学术语及缩写的解释等资料。

(九) 电子邮件服务及通信讨论组(E-mail Servers and listservs)

这是因特网上一个很有特色的服务功能,通过参加某一化学分支的通信讨论组,用户可及时与世界上有共同学术兴趣的人进行广泛的信息交流,向同行请教或讨论问题,寻求帮助,或发布各种信息。有关化学化工通信讨论组的介绍可从 http：∥bionmrl. rug. ac. be/chemistry/overview. html 中获得。要参加某一化学专业通信讨论组,向有关地址发信即可,一些化学专业通信讨论组的 E-mail 地址如下：

分析化学(Analysis)　maiser@fs4. in. umist. ac. uk.

有机化学(ORGCHEM)　orgreq@extreme. chem. rpi. edu

(十) 化学仪器及化学试剂供应商

化学网(CHEMNET,http：∥www. ari. net/chemnet/chemnet. html)是一个可通过网络购买化学试剂及仪器的网址。一些国际上知名的化学试剂及仪器经销商的网址如下：

Sigma Chemical Company　http：∥www. sigma. sial. com

Merck & Co. Inc　http：∥www. merck. com

(十一) 其他

近年来,在因特网上召开各种学术会议已成为一种经济、简便的交流学术思想的方式,有关这些网上会议的论文集可由网上获取,关于将在网上召开的化学化工学术会议的信息可从 http：∥pubs. acs. org/scheds/events 中获得。

《化学周刊》(Chemical Week,http：∥www. chemweek. com/index. html)是一个报道全球化学工业信息的周刊。

Chemical Web Marketing & Technology(http：∥www. chemconnect. com/cwmt. shtml)是由 Chemconnect 和 Betacyte 两家公司以 E-mail 的形式联合出版的电子刊物。它们提供有关化学领域的上网刊物及相关网络地址的搜索、网络的安全性和网络联机贸易的咨询等服务。

三、常用国内网上化学资源

（一）中国知网（CNKI）

http://www.cnki.net/index.htm

中国知网源于中国知识基础设施工程——国家知识基础设施（National Knowledge Infrastructure，NKI）的概念，由世界银行于1998年提出。CNKI工程是以实现全社会知识资源传播共享与增值利用为目标的信息化建设项目，由清华大学、清华同方发起，始建于1999年6月。在党和国家领导以及教育部、中宣部、科技部、新闻出版总署、国家版权局、国家计委的大力支持下，在全国学术界、教育界、出版界、图书情报界等社会各界的密切配合和清华大学的直接领导下，CNKI工程集团经过多年努力，采用自主开发并具有国际领先水平的数字图书馆技术，建成了世界上全文信息量规模最大的"CNKI数字图书馆"，并正式启动建设《中国知识资源总库》及CNKI网格资源共享平台，通过产业化运作，为全社会知识资源高效共享提供最丰富的知识信息资源和最有效的知识传播与数字化学习平台。

CNKI工程的具体目标，一是大规模集成整合知识信息资源，整体提高资源的综合和增值利用价值；二是建设知识资源互联网传播扩散与增值服务平台，为全社会提供资源共享、数字化学习、知识创新信息化条件；三是建设知识资源的深度开发利用平台，为社会各方面提供知识管理与知识服务的信息化手段；四是为知识资源生产出版部门创造互联网出版发行的市场环境与商业机制，大力促进文化出版事业、产业的现代化建设与跨越式发展。

CNKI旗下网站：中国期刊网、中国研究生网、中国社会团体网、CNKI知识超市、CNKI图鉴图录在线、CNKI百科全书在线、文献规范与计量评价网、CNKI知网数字图书馆等。

CNKI旗下数据库：中国学术期刊网络出版总库、中国期刊全文数据库、中国优秀博硕士学位论文全文数据库、中国重要会议论文全文数据库、中国重要报纸全文数据库、中国图书全文数据库、中国专利数据库、国家科技成果数据库、中国标准数据库、国外标准数据库、外文期刊库-国家科技图书文献中心（NSTL）等。

（二）维普资讯网

http://www.cqvip.com

重庆维普资讯有限公司的前身是中国科技情报所重庆分所数据库研究中心。作为中国数据库产业的开拓者，公司自1993年成立以来，一直致力于电子与网络信息资源的研究、开发和应用。公司的业务范围包括数据库出版发行、知识网络传播、期刊分销、电子期刊制作发行、网络广告、文献资料数字化工程以及基于电子信息资源的多种个性化服务。

该公司的主导产品《中文科技期刊数据库》是中国新闻出版总署批准的大型连续电子出版物，收录中文期刊 12 000 余种，全文 1 700 万篇，引文 2 400 万条，分 3 个版本(全文版、文摘版、引文版)和 8 个专辑(社会科学、自然科学、工程技术、农业科学、医药卫生、经济管理、教育科学、图书情报)定期出版。

维普资讯网于 2000 年建成，经过 5 年的商业运营，已经成为全球著名的中文信息服务网站，是中国最大的综合性文献服务网，并成为 Google 搜索的重要战略合作伙伴，是 Google Scholar 最大的中文内容合作网站。网站的注册用户数超过 200 余万，累计为读者提供了超过 2 亿篇次的文章阅读服务。

(三) 万方数据

http：//www.wanfangdata.com.cn

万方数据股份有限公司是由中国科技信息研究所以万方数据(集团)公司为基础，联合山西漳泽电力股份有限公司、北京知金科技投资有限公司、四川省科技信息研究所和科技文献出版社发起组建的高新技术股份有限公司。

万方数据股份有限公司是国内第一家以信息服务为核心的股份制高新技术企业，是在互联网领域，集信息资源产品、信息增值服务和信息处理方案为一体的综合信息服务商。

(四) 中国化工信息网

http：//www.cheminfo.cn

中国化工信息网系中国化工信息中心(CNCIC 中国化信)旗下网站之一。于 1997 年，中国化工信息网在几十年的资源与技术积累的起点上正式在互联网上提供服务，开拓了网络化工的先河，是全国第一个介入行业网站服务的机构。

(五) 小木虫论坛

http：//muchong.com/bbs/

小木虫论坛具有计算模拟、电化、晶体、环境、催化专版、分析化学、有机合成、化工技术、日用化学、化学软件、综合化学、高分子、材料专业、药学研究、专利、标准等栏目。其中化学区涵盖计算模拟、电化、晶体、环境、催化、分析、有机、化工、精细化工、化学工具、化学综合等 11 个版块，是小木虫第一大区。

(六) 化学资源网

http：//www.natureasia.com/zh-cn/chemistry/

（七）化学教育资源网

http：//www. ngedu. net

（八）美国化学学会

http：//pubs. acs. org/

（九）Science Direct

http：//www. sciencedirect. com

（十）中国化工网

http：//www. chemnet. com. cn

（十一）中国试剂网

http：//www. reagent. com. cn

附录十一　希腊字母及其读音与意义

序号	大写	小写	英文注音	中文读音	意　　义
1	A	α	alpha	阿尔法	角度;系数
2	B	β	beta	贝塔	磁通系数;角度;系数
3	Γ	γ	gamma	伽马	电导系数(小写)
4	Δ	δ	delta	德尔塔	变动,密度;屈光度
5	E	ε	epsilon	伊普西龙	对数之基数
6	Z	ζ	zeta	截塔	系数;方位角;阻抗;相对黏度;原子序数
7	H	η	eta	艾塔	磁滞系数;效率(小写)
8	Θ	θ	thet	西塔	温度;相位角
9	I	ι	iot	约塔	微小,一点儿
10	K	κ	kappa	卡帕	介质常数
11	Λ	λ	lambda	兰布达	波长(小写);体积
12	M	μ	mu	缪	磁导系数;微(千分之一);放大因数(小写)
13	N	ν	nu	纽	磁阻系数
14	Ξ	ξ	xi	克西	
15	O	o	omicron	奥密克戎	
16	Π	π	pi	派	圆周率＝圆周÷直径＝3.141 6
17	P	ρ	rho	肉	电阻系数(小写)
18	Σ	σ	sigma	西格马	总和(大写),表面密度;跨导(小写)
19	T	τ	tau	套	时间常数
20	Υ	υ	upsilon	宇普西龙	位移
21	Φ	φ	phi	佛爱	磁通;角
22	X	χ	chi	西	
23	Ψ	ψ	psi	普西	角速;介质电通量(静电力线);角
24	Ω	w	omega	欧米伽	欧姆(大写);角速(小写);角

参 考 文 献

[1] 南京大学无机及分析化学实验编写组. 无机及分析化学实验[M]. 3 版. 北京:高等教育出版社,1998.

[2] 刘约权,李贵深. 实验化学:上、下册[M]. 2 版. 北京:高等教育出版社,2005.

[3] 张勇. 现代化学实验基础[M]. 2 版. 北京:科学出版社,2005.

[4] 林宝凤,等. 基础化学实验技术绿色化教程[M]. 北京:科学出版社,2003.

[5] 浙江大学化学系组. 新编普通化学实验[M]. 北京:科学出版社,2005.

[6] 苏克曼,张济新. 仪器分析实验[M]. 2 版. 北京:高等教育出版社,2005.

[7] 李朝略. 化工小商品生产法:第一集[M]. 长沙:湖南科学技术出版社,1985.

[8] 中山大学,等. 无机化学实验[M]. 北京:高等教育出版社,1983.

[9] 陈寿椿. 重要无机化学反应[M]. 2 版. 上海:上海科学技术出版社,1982.

[10] Ю. B. 卡尔雅金,И. И. 定捷洛夫. 纯化学试剂[M]. 曹素忱,等译. 北京:高等教育出版社,1989.

[11] 日本化学会. 无机化合物合成手册[M]. 北京:化学工业出版社,1986.

[12] 江体乾. 化工工艺手册[M]. 上海:上海科学技术出版社,1992.

[13] 上海化工学院无机化学教研组. 无机化学实验[M]. 北京:人民教育出版社,1979.

[14] 天津化工研究院. 无机盐工业手册[M]. 北京:化学工业出版社,1981.